Die kosmischen Systeme der Griechen.

Von

O. F. Gruppe.

Berlin 1851.
Verlag von G. Reimer.

Dem

Verfasser des Kosmos

mit

inniger Verehrung

zugeeignet.

Vorrede.

Die Geschichte der griechischen Philosophie ist seit längerer Zeit mein Lieblingsstudium gewesen und es um so mehr geworden, als mir gestattet war, mich derselben zu widmen. Es hat etwas sehr Anlockendes, die Wege zu verfolgen, welche der menschliche Geist in seiner ersten Unbefangenheit gegangen, und vielleicht ist die Kunde dessen von Interesse für alle Zeiten, wieviel höher ihre Einsicht auch stehen möge.

Die Darstellungen der Geschichte griechischer Philosophie nehmen zur Zeit noch wenig Rücksicht auf die Vorstellungen vom Kosmos, welche doch in der Philosophie der Griechen eine so wichtige und ganz entscheidende Rolle spielen, so daß sie es hauptsächlich sind, welche bald Realismus, bald Idealismus zur unmittelbaren Folge haben. Ich hatte diese Abhängigkeit nicht so bald erkannt, als ich in der Reihenfolge der philosophischen Lehren mich überall auf die kosmischen Systeme hingeführt sah, und es mein lebhaftester Wunsch wurde, die organische Entwickelung der griechischen Philosophie in diesem Zusammenhange darzustellen.

Das durch Herrn von Humboldt neuerdings angeregte Interesse hat mich indeß bewogen, hier die eine Seite vorläufig abzusondern, und, soweit es denn möglich ist, die Geschichte der kosmischen Systeme der Griechen einstweilen allein dem gelehrten Publikum zu übergeben. Es ist auch dies schon ein Stück schwerer Arbeit, wie derjenige wird zu würdigen wissen, der aus eigener Erfahrung die Unwegsamkeit solcher Untersuchungen kennt. Wäre es nicht der Geist selbst, der leuchtend durch Trümmer und Asche hindurchstralt und mit eigner Lebens- und Reproductionskraft aus der Verstümmelung wieder neu ersteht, wie eine rettende Hand sich ihm darreicht, wahrlich, es müßte die Hoffnung aufgegeben werden, diese Monumente ältesten Denkens noch jemals wieder ans Licht zu ziehen. In der That sind sie tiefer vergraben, als unter Vulkanasche und übergelagertem Erdreich. Die späteren Ueberlieferer waren nicht mehr im Stande die eigenthümliche Größe einer alten Zeit zu fassen, mit Platon und Aristoteles hatte eine neue Weltanschauung begonnen, man konnte, selbst wo man es gewollt hätte, gegen jene alte Zeit nicht mehr gerecht sein. Wir, auf unserem heutigen Standpunkt, wir können es — aber es bedurfte nun oft langen Mühens und Schürfens, ehe die Ader gefunden war. Und wenn man schon alles gefunden glaubte, so zeigte sich bald, daß man nur einen kleinen Theil besaß und eigentlich nur Probleme gewonnen hatte, die zu neuem Ringen aufforderten. Es sollte mich freuen, wenn in der vorliegenden Schrift nicht allzu fühlbar würde, wieviel es gekostet hat, um aus Dunkel und Dämmerung bis zum Tageslicht durchzudringen.

Und nun ist sie in einer sehr unruhigen Zeit niedergeschrieben worden, in den Monaten September und October des Jahres 1848. Das Vaterland war in der äußersten Gefahr und der Einzelne schien nichts mehr zur Hülfe beitragen zu können, Worte wurden nicht mehr gehört. In dieser drückendsten Schwüle klammerte sich mein Geist an die neue Arbeit an; sie versetzte mich in eine ferne Welt des Friedens und des Geistes. Und doch könnte vielleicht von jener Unruhe einiges in die Schrift übergegangen sein; möge sie ein vielleicht zu großes Wagniß entschuldigen können.

Ich hatte meine Arbeit noch nicht abgeschlossen, als es mich abermals trieb, einer vernünftigen Ordnung und maaßhaltenden Freiheit nach Kräften das Wort zu reden; denn mittlerweile war das verlorene

Gleichgewicht wieder gewonnen, und es schien, als ob das Vaterland nur neu gestärkt aus den Stürmen hervorgehen sollte. — Meine Untersuchungen waren mir nun entfremdet und fast vergessen, sie lagen bei so manchem anderen, das ich für mich gearbeitet, es fehlte jeder Antrieb sie der Oeffentlichkeit zu übergeben.

Da trat eines Tages zu mir ein Mann ein, der mir zwar früher schon manchmal freundlich begegnet war, zu dem ich aber keine näheren Beziehungen hatte — er kam jetzt, um von neuem mein Interesse auf jene Forschungen zurückzulenken, es neu zu beleben und zu steigern. Dies war Jacobi.

Wenn in meiner Schrift etwas enthalten sein sollte, was der Wissenschaft zur Förderung gereichen kann, so ist er es, der ihre Herausgabe veranlaßt hat, und ich erkenne für Pflicht, zur Ehre des Verewigten, hievon näheren Bericht zu geben.

Jacobi hatte gelegentlich durch einen unserer nahmhaftesten Mathematiker etwas Einzelnes von meinen Ergebnissen erfahren. Er war ungläubig daran, er erklärte mir von vorn herein, das sei unmöglich; aber er war nur um so mehr gespannt, meine Gründe zu erfahren. Es handelte sich um Platon. Ich wich aus über diesen Punkt, im Lauf des Gespräches aber kamen wir auf Philolaus, und eine hingeworfene

Aeußerung gewann seine volle Aufmerksamkeit. Wir trennten uns; an einem der nächsten Abende aber kam Jacobi wieder und trat sogleich mit dem Wunsche heraus, ich möchte ihm mein ganzes Manuscript anvertrauen. Dies wurde mir schwer; allein das Interesse für die Sache, das ihn so lebhaft machte, bewog mich es zu thun. Ich paginirte das Manuscript, schrieb darauf: „Erster Entwurf", und gab es in seine Hand. Das war am Abend. Wie sehr war ich erstaunt, als schon am Morgen des andern Tages Jacobi bei mir eintrat, erheitert und bewegt, wie ich den kalten Mann nie gesehen. Er sagte mir, er habe bereits alles gelesen, zeigte mir, daß er jeden Schreibfehler verbessert, und rieth mir aufs dringendste drucken zu lassen, so wie es sei. Was ihn am meisten gewonnen hatte, war der Zusammenhang, in dem ich die Lehre vom Centralfeuer betrachtete; er wiederholte, es sei hier Wissenschaft und Geschichte, wo man sonst nur Willkühr und Verwirrung gekannt. Demnächst interessirte ihn die Entstehung der Lehre von der Epicykel. Hinsichtlich Platons und des fraglichen Punktes hatte sein Unglaube sich zwar gelegt, aber auch, was ansteckend auf mich wirkte, sein Interesse sich sehr vermindert. Allein nur vorübergehend; denn als wir unseren Umgang in den Jahren 49 und 50 fortsetzten und Jacobi sich immer mehr in diese Forschungen hineinlebte, war es gerade die Stelle des Platon, auf die er stets von neuem zurückkam, die er beständig mit sich herumtrug, mir jedes neue Moment, auf das er verfiel, sogleich mittheilend. In mancherlei Schwankungen näherte er sich meiner Ansicht je mehr und mehr, und schloß zuletzt mit der Ueberzeugung, daß eine andere Auffassung unmöglich sei. Wir verabredeten nun, wie das Verständniß der Stelle und die Begründung gefaßt werden solle. Er hat hauptsächlich auf diesen Punkt Einfluß gehabt und gewiß hat diese Partie in Vergleich zur ersten Fassung wesentlich gewonnen.

Jacobi wollte mich bestimmen, den Abschnitt VII ganz auszuscheiden und seinen Inhalt als Nachtrag oder in Anmerkungen vorzubringen: er vermißte hier den Fortschritt der Wissenschaft und hielt nur diesen für werth als Geschichte betrachtet zu werden. Allein ich habe mich hier gesträubt, denn es kam mir auch auf eine gewisse Vollständigkeit für die Geschichte der Philosophie an, und in der Universalgeschichte des menschlichen Geistes sind gewiß auch Rückgänge und versuchte Unterhandlungen zwischen der neuen Wahrheit und dem altgewohnten Irrthum von Interesse, wenn freilich auch von einem anderen Interesse.

Was die Form anlangt, so hätte er nur Eine Aenderung erlaubt und gern gesehen, nämlich die, daß ich alles in gerader Linie und historischer Folge abhandelte, ohne den geringsten Seitenblick auf die Meinungen Anderer. Allein hierin dachte er vielleicht zu mathematisch und unsere Naturen gingen hier weit auseinander. Ich halte dafür, daß eine Untersuchung als solche behandelt und vor den Augen des Lesers geführt werden muß, daß die Ordnung nur bestimmt werden kann durch den Gang der Untersuchung selbst, welche erst eine Frage nach der andern und immer höhere Probleme hervortreten läßt. Auch die Berücksichtigung abweichender Auffassung gehört zur Vollständigkeit und Präcision der Sache und es handelt sich dabei nicht sowohl um ein Mein und Dein, als um Gründe und Gegengründe und um die Basis, worauf bisherige Annahmen beruht haben.

Jacobi verreiste; er kam wieder, aber neue Lebensverhältnisse und andere Beschäftigungen hielten mich entfernt. Als ich meine Arbeit wieder aufnehmen konnte und seine belebende Theilnahme suchte, erfuhr ich seine Krankheit und am anderen Tage seinen Tod. Die Wissenschaft hat ihn tief beklagt — aber auch für den Einzelnen war der Verlust ein großer. Ich stand im politischen Bekenntniß weit von ihm entfernt, um so höher gewiß mußte sein Anschluß gerechnet werden. Es war mehr als Gedankenaustausch, es war eingehende, hingebende, mitsorgende Theilnahme. In Mittheilung und Anerkennung war er freigebig — wie ein Reicher.

Ich schließe mit dem Wunsch, die Freunde griechischen Geistes möchten in meinem Versuch denselben leitenden Gedanken erkennen, der mehreren anderen meiner Arbeiten zu Grunde liegt, nämlich: durch Auffassung der organischen Entwickelung in längeren Reihen die vereinzelten Zeugnisse beredter zu machen, und so auch für das Einzelne eine größere Bestimmtheit und Klarheit zu gewinnen, als durch Monographieen über isolirte Standpunkte erreicht werden kann.

Inhalt.

I.

Es ist ein schon im Alterthum geführter Streit, ob Platon die Achsendrehung unseres Planeten lehre, oder nicht — in der That ein wichtiger Punkt für Platon, für die Geschichte der Philosophie, für die Geschichte der Astronomie. Auch in neuerer Zeit hat es unter nahmhaften Gelehrten darüber entgegengesetzte Meinungen gegeben; in den letzten Decennien dagegen ruht der Streit: er scheint demnach zu einer Entscheidung gediehen zu sein.

In demjenigen Buch, das wohl mit Recht als der Inbegriff des gegenwärtigen Standes unserer Wissenschaft von dem Weltgebäude und ihrer Geschichte gelten darf, in **Humboldts Kosmos** (Theil II, S. 139) lesen wir mit klaren Worten, daß: „Platon und Aristoteles sich die Erde weder rotirend noch fortschreitend, sondern als unbeweglich im Mittelpunkt schwebend vorstellten“. Es ständen hiernach also Platon und Aristoteles einander ganz gleich in der wichtigen Lehre von der kosmischen Stellung des Weltkörpers welchen wir bewohnen, beide hätten der Erde die Bewegung abgesprochen und zwar eben so wohl die tägliche Achsendrehung, als den jährlichen planetarischen Umlauf um die Sonne, sie hätten die Erde stillstehend angenommen und das Firmament um sie bewegt, außerdem aber noch Sonne Mond und die Planeten; sie hätten bei der großen Verschiedenheit ihrer philosophischen Ansichten und bei der entgegengesetzten Richtung ihres Strebens und ihrer gesammten Natur doch in der kosmischen Grundanschauung einander gleich gestanden. Das wäre in der That auffallend und bedürfte viel mehr eines Beweises, als das Gegentheil. Aber diese Auffassung ist jetzt die herrschende; wir lesen in allen neueren Werken, deutschen, französischen, englischen, nichts mehr von der Achsendrehung der Erde bei Platon, sondern übereinstimmend giebt man ihm die mit Aristoteles gemeinsame Lehre von dem Stillstand der nicht rotirenden Erde im Mittelpunkt des Weltalls. Den Beweis dafür findet man in diesen Werken nicht.

Indem wir nun diesen Beweis suchen, werden wir auf die Forschungen eines Mannes geführt, dessen Urtheil hier von großem Gewicht ist, weil er die Kenntniß der Schriften des Alterthums mit der Kunde der Astronomie verbindet. Dies ist Ludwig Ideler, der in seiner trefflichen Schrift über das Verhältniß des Copernicus zum Alterthum *) den Gegenstand behandelt. Allein gerade hier finden wir ein ganz anderes Urtheil über die kosmische Ansicht des Platon, denn es heißt von der Stelle des Dialogs Timäus, um deren Auslegung es sich streitet (p. 40): „Es scheint mir vielmehr ganz unzweideutig darin zu liegen, daß Platon wirklich an eine Achsendrehung der Erde gedacht hat". S. 422.

*) in Wolfs und Buttmanns Museum der Alterthumskunde, Bd. II.

Nach dieser Aeußerung einer so gewichtvollen Stimme, welche übrigens mit guten und klaren Gründen unterstützt ist, fällt es in der That schwer zu begreifen, wie diese Entscheidung der alten Streitfrage ihren Einfluß hat verlieren können, so daß sie der entgegengesetzten Ansicht völlig gewichen ist.

Die Lösung liegt darin, daß Ideler seine im Jahr 1808 so bestimmt ausgesprochene Meinung im Jahr 1830 eben so bestimmt zurückgenommen hat. Wir dürfen gespannt sein auf die Gründe; es sind aber diesmal keine von ihm selbst beigebrachten, sondern er folgt einer fremden Autorität. In seiner trefflichen Abhandlung über den Eudoxus (Schriften der Berl. Akad. d. Wiss. 1830) sagt er ganz gelegentlich in einer Anmerkung S. 71, Platon lehre die Achsendrehung nicht, wie Boeckh „überzeugend" bewiesen. Diesen Worten, mit denen Ideler seine Meinungsänderung meldet, entsprechen die eigenen Worte Boeckhs, denn letzterer sagt in seiner geschätzten Schrift über Philolaus (p. 121): — „ich habe anderwärts unumstößlich erwiesen, daß dort (im platonischen Timäus) die Erde als der feststehende Mittelpunkt vorgestellt ist ohne die Achsendrehung, welche man darin finden wollte".

Dies „anderwärts" nun bezieht sich auf die frühere Schrift des Gelehrten de Platonis systemate coelestium globorum et de vera astronomiae Philolaicae indole p. VI — XI). Es ist dies zwar eine Jugendarbeit Boeckhs, aber man ist veranlaßt den Gründen eine besonders schlagende Beweiskraft beizumessen, da Ideler sich zum Widerruf einer so wohl unterstützten Ansicht gedrungen sieht und da der Forscher selbst einen so ungewöhnlich starken Accent darauf legt, ja seine ganze Autorität scheint mit in die Waagschaale werfen zu wollen.

Es könnte hiernach gewagt erscheinen, dennoch daran zu zweifeln, und recht seltsam ist es, wenn ein Anderer die Auffassung vertheidigt, welche Ideler vielleicht zu frühzeitig aufgab. Allein der Gegenstand braucht nur angeregt zu werden, um sogleich die Ueberzeugung zu erwecken, daß die Untersuchung darüber nicht abgeschlossen sei. Im Interesse der Sache muß sie von neuem unternommen werden. An sich selbst ist die Frage schon wichtig genug, und sie steht zugleich in innigem Zusammenhange mit einer ganzen Reihe von ferneren Fragen, welche tief eingreifen in die Geschichte der Wissenschaft und selbst der Philosophie. Es sind dies Forschungen, zu welchen sich der Zugang nur gewinnen läßt, wenn wir noch einmal in Frage stellen, was schon für ausgemacht galt.

Der geistreiche Philosoph Seneca hielt es für eine wichtige, aber unentschiedene Frage, ob der Planet, auf dem wir leben, eine Achsendrehung habe oder nicht, ob das Weltall um uns her durch einen ungeheuren Umschwung gerollt werde, oder ob der Fixsternhimmel stillstehe und der Planet Erde statt dessen rotire. Auch Plutarch kennt das hohe Interesse dieser Frage, er war aufmerksam auf die Meinungen früherer Forscher über diesen Punkt und hat in seinen platonischen Quästionen einen besonderen Abschnitt, in dem untersucht wird, welche Ansicht hierüber dem Platon gehöre und namentlich, wie die schon erwähnte Stelle im Timäus (p. 40) auszulegen sei. Plutarch ist aber nicht der erste, welcher diese Frage aufwarf, wir finden dieses Streitpunktes schon bei Cicero erwähnt, welcher sich wieder auf andere, wahrscheinlich doch griechische Schriftsteller bezieht, leider ohne sie uns zu nennen. Er sagt (Acad. Quaest. II, 39), nachdem er vorher deutlichst von der Achsendrehung gesprochen: — atque hoc etiam Platonem in Timaeo dicere quidam arbitrantur. Aus letzterer Stelle selbst schon scheint hervorzugehen, daß Cicero der Ansicht dieser quidam nicht folgt, und dasselbe zeigt sich auch in seiner Uebersetzung des Timäus, wo er den doppeldeutigen Ausdruck des Platon (εἰλλουμένην) mit trajecto axe wiedergiebt, so daß wohl nur noch allein an Anheftung des ruhenden Planeten an eine feste Achse gedacht werden kann und die Drehung ganz verschwindet.

Auch Plutarch (quaest. Plut. VIII. 3) entscheidet sich für den Stillstand der Erde in jener Stelle, aber aus einem so gesuchten und verkehrten Grunde, daß dieser ihn nicht bestimmt haben kann, sondern daß er vielmehr der Autorität zu folgen scheint, und nur hinterdrein nach einem Grunde sucht. Wie bekannt ist, hatten die Astronomen seiner Zeit die Rotation der Erde einstweilen aufgegeben; die wissenschaftlichen Gründe davon werden später zur Sprache kommen.

Jetzt ist es Zeit die Beweisführung Boeckhs zu hören, der sich nicht bloß auf Plutarch, sondern zugleich auf alle späteren Platoniker beruft — principes Platonicorum, Plutarchus, Galenus, Timaeus Sophista, Proclus, postremo et Simplicius. — Er scheint hervorheben zu wollen, daß eine fortgehende Tradition der Auslegung jener Stelle sich bei allen Platonikern finde, und daß eben deshalb jede andere Autorität verworfen werden müsse.

Um die Argumentation nicht etwa durch Bestreitung der einzelnen Gründe zu unterbrechen, so folge hier sogleich das zweite Moment des Beweises, nämlich die Uebereinstimmung mit den übrigen Schriften des Platon. Platon lehrt an keiner anderen Stelle die Achsendrehung, also kann er sie auch hier nicht lehren; er lehrt im Phädon ganz deutlich den Stillstand der Erde im Mittelpunkt des Weltalls, also muß er ihn auch hier lehren.

Gewiß haben diese beiden Gründe, die Tradition unter den Platonikern und die Uebereinstimmung mit den übrigen Schriften des Platon, recht viel Scheinbares, und es läßt sich wohl begreifen, daß im Alterthum und in neuerer Zeit solche Gründe für manchen Forscher von Gewicht sein konnten. Daß sie aber keineswegs zwingend sind, daß sie die andere Ansicht nicht so nothwendig neben sich ausschließen, wird hoffentlich der Unbefangene von vorn herein zugestehen.

Wir haben in zwei Stellen des Plutarch, wovon später noch ausführlicher, die ausdrückliche Nachricht, daß Platon in vorgerücktem Alter seine Ansicht vom Weltbau wesentlich geändert, sie ins Gegentheil umgekehrt habe; hätten wir diese Nachricht aber auch nicht, so würde an sich schon die Uebereinstimmung mit den übrigen Schriften eines Autors kein so sicheres Kriterium sein, und zwar um so weniger sicher, als der Autor bedeutend ist und als die Schriften der Zeit nach auseinander liegen — beides trifft bei Platon zu.

Als er den Phädon schrieb, war er noch ein Sokratiker, als er den Timäus verfaßte, hatte er mittlerweile die genauere Bekanntschaft der Pythagoreer gemacht: wie mißlich also eine Folgerung von jenem auf diesen! Wir verzeihen es dem Proclus, daß er die Stelle im Timäus durch die im Phädon entscheiden will; aber in unserer Zeit sollte man kritischer sein!

Was nun die Tradition der Lehre innerhalb einer platonischen Schule anlangt, so mögen wir diese nicht ganz leugnen, aber die Neuplatoniker stehen doch auf einem ganz anderen Boden, und dann bezieht sich dieselbe bei weitem mehr auf das eigentlich Philosophische, als auf gelegentliche Aeußerungen über Astronomisches. Die Neuplatoniker hatten theils selbst kein Interesse für diese Seite, theils waren sie abhängig von dem, was in ihrer Zeit galt und ihr eifersüchtiges Streben, den Platon hier von allem frei zu machen, was nicht die Anerkennung der Astronomen von Fach besaß, überwog, wie mehr als wahrscheinlich ist, ihre Unbefangenheit und selbst ihre Wahrheitsliebe. Wir wollen Galenus, Proclus, Simplicius, die überhaupt mit Kritik benutzt werden müssen, in allem anderen gelten lassen, aber für die kosmische Ansicht des Platon sind sie uns keine Autorität.

Wie sonderbar, daß Boeckh, der die Sache durch die Autorität entscheiden will, der die Autorität so später Schriftsteller geltend machte, die eines Zeitgenossen verwirft, daß er, der die Autorität eines Simplicius und Proclus so hoch anschlägt, die des Aristoteles gering achtet. Es ist in der That bemerkenswerth, wie leicht der junge Boeckh damals die Aussage des Aristoteles zu beseitigen wußte; klingt es doch fast, als ob Aristoteles etwas in die platonische Stelle hineingelegt, etwas aus ihr herausgegrübelt hätte; denn nachdem der Forscher die strittigen Worte angeführt, fährt er fort: unde id, quod dixi, Aristoteles collegisse fertur — und im folgenden soll von dem schlechten Compilator Diogenes wohl gar ein Schatten auf den großen Philosophen zurückfallen: Aristotelis auctoritatem sequitur vilis compilator Diogenes cum nonnullis — in der Note aber bemerkt er selbst, daß unter diesen nonnullis sich auch Alexander von Aphrodisias befindet — der beste Gewährsmann unter allen Späteren.

Nein, Aristoteles hat nichts geschlossen aus jener Stelle, er hat nichts hineingelesen in dieselbe, sondern, wenn sie dunkel und doppeldeutig ausgedrückt ist, so wußte er eben, was Platon damit gemeint und gewollt, er wußte es so gut wie alle, welche das Publikum ausmachten, für das Platon zunächst schrieb. Aristoteles theilte diese Ansicht nicht, andere theilten sie; auch dies deuten uns die Worte des Philosophen hinreichend an.

Es werden jetzt diese Worte des Aristoteles näher zu betrachten sein, de Coelo II, 13. Nachdem er sein eigenes Dafürhalten, nämlich daß die Erde als Mittelpunkt des Weltalls stillstehe, „weder rotirend noch fortschreitend“, mit den klarsten Worten dargelegt und sogar mit speculativen Gründen zu beweisen gesucht hat, wendet er sich nun polemisch gegen diejenigen, welche anders gelehrt, zunächst gegen die Pythagoreer, die der Erde eine planetarische Laufbahn gaben, nicht um die Sonne, sondern um einen idealen, hypothetischen Centralkörper. Leicht berührend, und ohne den Namen zu nennen, richtet sich die Polemik dann auch gegen den Platon, welcher zwar der Erde auch noch die Stelle im Mittelpunkt des Weltalls gebe, also ohne planetarische Laufbahn, aber ihr die Achsendrehung beilege: „Einige aber sagen, die Erde befinde sich im Mittelpunkt, und drehe sich um die durch das All ausgespannte Achse, wie im Timäus geschrieben steht". Mit den Originalworten: *Ἔνιοι δὲ καὶ κειμένην ἐπὶ τοῦ κέντρου φασὶν αὐτὴν ἴλλεσθαι περὶ τὸν διὰ παντὸς τεταμένον πόλον, ὥσπερ ἐν τῷ Τιμαίῳ γέγραπται.*

Daß *πόλος* hier Achse bedeutet, ist durch den Zusammenhang selbst klar, außerdem durch die Uebersetzung des Cicero und durch die Auffassung des Streitpunktes im Alterthum; daß von dem Timäus des Platon die Rede sei, ist auch ganz unzweifelhaft, weil die angeführten Worte sich dort wiederfinden; daß ferner Aristoteles mit dem Wort *ἴλλεσθαι* eine Bewegung und Drehung bezeichnen wolle, auch dies steht gegen alle Anfechtung fest durch die Recapitulation zu Anfange des nächsten, des vierzehnten Kapitels, woselbst es heißt: wie ich gesagt habe — *καθάπερ γὰρ εἴπομεν*, und wo bei der Wiederholung zu dem *ἴλλεσθαι* noch *κινεῖσθαι* hinzugesetzt wird, so daß also die Bewegung der Erde um die Achse ohne planeterische Bewegung ganz direkt ausgesprochen ist: *οἱ δ' ἐπὶ τοῦ μέσου θέντες ἴλλεσθαι καὶ κινεῖσθαί φασι (τὴν γῆν) περὶ τὸν πόλον μέσον.*

Diese Wiederholung entfernt denn auch den Verdacht, daß hier irgend eine Interpolation, eine in den Text gekommene Randglosse, dergleichen im aristotelischen Text häufig genug ist, anzunehmen sei. Man kann sogar das Citat, *ὥσπερ ἐν τῷ Τιμαίῳ γέγραπται* dafür halten und es bliebe noch immer die Anführung der platonischen Worte, welche allein schon entscheidend ist. Vielleicht wäre dies sogar aristotelischer und besser stimmend zu dem *ἔνιοι.*

Diese kurze Erwähnung am Schluß des Kapitels muß aber um so absichtlicher und überlegter erscheinen, sie weist auf etwas dem Wissenden Bekanntes hin, sie paßt nur zu einer entschiedenen, ausgemachten Lehre, zu etwas Factischem, so daß man wohl wird aufhören müssen an eine dem Aristoteles eigene Auslegung jener Stelle zu denken. Im Gegentheil, der ganze Ton ist von der Art, daß man sieht, der Schriftsteller wolle zeigen, es sei ihm der eigentliche, geheime Sinn jener dunkeln platonischen Worte recht wohl bekannt.

Die platonischen Worte sind dunkel, doppeldeutig; aber nicht durch Zufall und aus Nachlässigkeit, sondern mit Absicht, mit Kunst. Platon wollte, daß über ihre Auslegung ein Streit sein sollte, und er hat seinen Zweck erreicht bei mehr als Einem Zeitalter. Wie sehr würde er zu tadeln sein, wenn er an der Stelle, die recht eigentlich den Schwerpunkt des Dialogs bildet, sich so ausgedrückt hätte, daß man darin zugleich das Gegentheil seiner Meinung finden konnte, zugleich die Achsendrehung und den Stillstand. Daß beides in der Stelle lag, war eine alte Tradition, die von den Zeitgenossen Platons sich fortpflanzte bis auf Proclus und Simplicius, aber während jene wußten, welchen Sinn Platon damit verband, ließen diese sich von äußeren Umständen leiten und wollten in falschem Eifer den Platon vor allen Dingen vor dem schützen, was nach ihrer geringen Auffassung und nach dem Dafürhalten der Zeit für irrig und widersinnig galt.

Und wahrlich, mit Kunst hat Platon die mögliche Doppeldeutigkeit des Wortes ἴλλεσθαι und besonders seines Participiums benutzt, um nur anzudeuten und sich einen Ausweg offen zu halten. Es konnte nämlich heißen: gedreht, sich drehend um die Achse, und: befestigt an der Achse, nämlich gewickelt um die Achse, wie ein Knäuel. Dies geben uns die Commentatoren selbst an,

Proclus erklärt unser εἱλλουμένη mit σφιγγομένη καὶ συνεχομένη — Simplicius dagegen mit ἐνδεδομένη. Beide lehren dann ferner einen Unterschied der Bedeutung zwischen der augmentirten und nicht augmentirten Form, wollen hier nur die eine zulassen und also die Doppeldeutigkeit entfernen. Ihr blinder Eifer für die Ehre des Platon führt sie hier in einen großen Irrthum, denn alsdann wäre die vorhandene Streitfrage im Alterthum nicht möglich und vollends unbegreiflich, wie Aristoteles so bestimmt die Achsendrehung darin finden konnte.

Man muß also die Doppeldeutigkeit zugeben, sobald man aber diese zugiebt, muß man auch sogleich aus ihr allein schon zu erkennen wissen, was die Auffassung des Platon sei — nicht das Gewöhnliche, das Allen Zugängliche, das auf der Hand liegende kann er sagen wollen, sondern das Neue, das Kühne, das Gewagte. Er verbirgt sich hinter das Wort, er will etwas dem gewöhnlichen Auge verschleiern, nur dem schärfer Blickenden, tiefer Eindringenden verständlich werden, er verhüllt, um zu reizen, um zu zeigen — er muß also irgend etwas Besonderes haben, es muß also eine neue und große Lehre sein, um die es sich handelt.

Und nun lese man nur die Stelle mit Aufmerksamkeit, so wird man bald finden, wie sehr sie durch sich selbst spricht, so daß jeder, der nachdenkt, sie nur auf Eine Weise verstehen kann, — und zwar so, wie eben Aristoteles sie verstanden hat. Denn in dem Wort ἴλλεσθαι allein liegt es nicht, dies ist sogar nur secundär, es sind andere Wort noch sprechender, noch zwingender, es ist der ganze Satz, der ganze Zusammenhang, welcher leer, müßig, sinnlos sein würde, wenn er nicht in unserem Sinne verstanden wird. Aber auch hier sind Verhüllungen.

Die Stelle lautet (Tim. p. 40): „Die Erde, unsere Ernährerin, welche gedreht ist um die durch das All ausgespannte Achse, machte er zur Wächterin und Hervorbringerin von Nacht und Tag" — eine Uebersetzung die freilich nur unvollkommen jenem feinen Helldunkel des platonischen Ausdrucks entsprechen kann: *γῆν δὲ τροφὸν μὲν ἡμετέραν, εἱλλουμένην δὲ περὶ τὸν διὰ παντὸς πόλον τεταμένον, φύλακα καὶ δημιουργὸν νυκτός τε καὶ ἡμέρας ἐμηχανήσατο.* Daß hier ein Wort, welches die Drehung der Erde um eine Achse bedeuten kann, mit der Ursache von Tag und Nacht unmittelbar zusammengestellt wird, muß wahrlich allen Zweifel heben und schließt jeden Zufall aus, denn jener Wechsel und die Achsendrehung der Erde steht eben in dem untrennbaren Verhältniß von Ursache und Wirkung und ist ein und derselbe Begriff. Aber damit dies nicht klar zu Tage liege, sind die Worte *φύλαξ* und *δημιουργός* sorgfältig gewählt, so daß sie zugleich verschleiern und enthüllen. Jenes deutet auf die Wiederkehr der Erscheinung, auf die einzige constante Bewegung im ganzen Bereich aller irdischen und himmlischen Erscheinungen, dies auf das ursächliche Verhältniß, zunächst auf das thätige Verhalten der Erde, also auf deren Bewegung. Nie und nimmer kann das Wort *δημιουργός* auf ein Leiden der Erde, auf deren Stillstand bezogen werden, während rund um sie her alle anderen Gestirne kreisen. Dies hat Ideler richtig gefühlt, wenn er sagt, „daß dieser Ausdruck nicht auf etwas so Passives gehen könne", wie Plutarch will. Aber Boeckh will ja dasselbe: Ideler bestritt den Todten glücklich, und ließ sich einschüchtern von dem Lebenden.

Noch einmal kommt Platon gelegentlich auf dieselbe Sache zurück (p. 42) und wieder begegnen wir Andeutungen der nämlichen Art, mit dem Reiz des Halbverhüllten. Er spricht von den Wohnsitzen der Seelen — „einige versetzte der Weltschöpfer auf die Erde, andere auf den Mond, andere auf die übrigen Instrumente der Zeit“ — τοὺς μὲν εἰς γῆν, τοὺς δ' εἰς σελήνην, τοὺς δ' εἰς τἄλλα ὅσα ὄργανα χρόνου. Hier wird die Erde mit dem Mond und anderen Gestirnen in Eine Reihe gestellt und bezeichnet als ein Organ, ein Werkzeug der Zeit, der Zeitmessung. Es würde sehr gezwungen sein, diesen gewiß wohlgewählten Ausdruck auf die ruhende Erde zu beziehen, denn in welcher Art könnte sie noch den bewegten Gestirnen gleich stehen, wie könnte sie überhaupt noch etwas thun für die Zeitbestimmung? Ein bloß passives Verhalten der Erde stimmt gar nicht zu dem von Platon so absichtlich und bedeutungsvoll hingestellten Ausdruck.

Daß diese Stelle mit in Betracht kommen müsse bei der Frage, ob Platon im Timäus die Achsendrehung lehre oder nicht, scheint man im Alterthum sehr wohl gewußt zu haben, und Plutarch nimmt an dem angeführten Ort in den platonischen Quästionen Bezug auf beide Stellen, ja er ist genöthigt sich für letztere mit viel künstlicheren Ausflüchten zu helfen, während ihm dort die doppelte Bedeutung zu statten kam.

Er behauptet, die Erde sei eben durch ihre Ruhe ein Organ der Zeit, ganz so, wie es der Gnomon, die Sonnenuhr, sei. Welch ein Vergleich! Der Gnomon ist freilich ein Instrument, ein wirkliches, kein figürliches, er zeigt die Zeit, aber nicht durch sich elbst, sondern durch die sich bewegende Sonne. Ruht die Erde, so ist nicht sie das Instrument der Zeit, sondern die anderen Gestirne, der bewegte Himmel. Da liegt's eben. Das völlig Fehltreffende dieses Vergleichs ist der stärkste Beweis für die einzig mögliche Auslegung dessen, was Platon im Timäus dem denkenden Leser nicht sagen, aber deutlich und mit dem Reiz des eigenen Findens zu verstehen geben wollte, während er selbst nöthigenfalls hinter den Doppelsinn des Wortes sich zurückziehen konnte. Scheint er doch mit angenommener Treuherzigkeit der Erde an dieser Stelle ihren alten Ehrennamen als erste und älteste Göttin ausdrücklich gelassen zu haben.

So spricht denn also Platon im Timäus hinreichend deutlich; wenn es sich aber um Autoritäten handelt, so kann nur die des Aristoteles entscheidend sein, und Simplicius, Proclus, so wie alle anderen Platoniker müssen dagegen verschwinden.

Ich kann hier des Proclus nicht erwähnen, ohne noch einmal auf seine Beweisführung zurück zu kommen. Er ist es, der sich hauptsächlich auf den Phädon beruft; weil dort die Erde ruhe, müsse sie es auch hier, man müsse also *εἱλλουμένη* erklären: angeheftet an die Achse. Allein im Phädon des Platon, wovon sogleich noch ausführlicher, haben wir die Lehre von der im Mittelpunkt des Weltalls freischwebenden Erde, gehalten durch das Gleichgewicht. So widerspricht denn dies eben auf das deutlichste derjenigen Auslegung, welche Proclus den Worten im Timäus geben will, denn hier wäre die Erde nicht freischwebend, sondern angeheftet, nicht getragen durch das Gleichgewicht, sondern durch die Achse, die man sich als einen Bratspieß und jedenfalls als eine sehr materielle Stange zu denken hätte, wahrlich in großem Abstande von jener immateriellen Potenz!

Uebrigens räumt ja auch Aristoteles selbst ausdrücklich ein, daß Platon im Timäus der Erde keine fortschreitende Bewegung gebe, sie nach wie vor im Mittelpunkt des Alls verbleiben lasse, hierin also verschieden sei von den Pythagoreern, dagegen aber ihr die Bewegung um ihre eigene Achse beilege — um den Wechsel von Tag und Nacht zu erklären, wie uns dies nicht Aristoteles, sondern Platon selbst sagt.

Wir wissen nun also, daß Platon und Aristoteles nicht dieselbe kosmische Anschauung haben, und wir wissen, worin der Unterschied liegt: Aristoteles hat weder die fortschreitende noch die rotirende Bewegung; Platon hat die fortschreitende nicht, aber er hat die rotirende.

II.

Die so eben von uns bekämpfte Meinung, daß Platon und Aristoteles in ihrer Ansicht von dem Weltgebäude einander gleich ständen, schließt zugleich auch in sich, daß Platon überhaupt während seiner ganzen philosophischen Laufbahn derselben kosmischen Lehre gefolgt sei. Ich habe vorübergehend schon einen Zweifel gegen diese Annahme geäußert, und so fragt sich denn auch, ob die gezeigte Differenz eine durchgehende sei. Diese Frage ist wohl werth einer besonderen Untersuchung.

In der Geschichte der Philosophie ist es ein ganz gewöhnlicher, oft begangener Fehler, daß man den Philosophen Eine geschlossene Lehre beizulegen strebt, und dabei den inneren Fortschritt, die Bewegung der Lehre ganz übersieht. Es hängt dies mit dem Vorurtheil zusammen, daß Aenderung der Ansicht etwas Nachtheiliges sei. So glaubt man denn vor allen Dingen jedem Philosophen ein System zueignen zu müssen, worin jede einzelne Lehre ihre Stelle finden, und alles sich auf einen und denselben Mittelpunkt beziehen soll. Unter dieser Methode leiden aber die Philosophen um so mehr, je größer sie sind, denn je größer, um so bewegter, um so fortschreitender, um so mehr von ihren Vorgängern, von ihren Anfängen, ja von sich selbst sich entfernend. Um es hier nur beiläufig zu sagen, kein Philosoph hat hirdurch mehr gelitten als gerade Platon und Aristoteles, von denen zur Zeit noch alle Geschichten der Philosophie ein zum Theil sehr falsches Bild entwerfen möchten, ein Bild, das uns die ganze Größe und Eigenthümlichkeit dieser Männer noch vorenthält. Aber wir können diesmal nur von Einer ihrer Lehren sprechen, nur von ihrer Lehre über den Weltbau, von ihrer kosmischen Anschauung.

Die Schriften des Platon sind aus sehr verschiedener Zeit, seine früheste und seine späteste könnten sehr füglich um einen Zeitraum von vierzig Jahren auseinander stehen. Und gerade während dieser Jahre, wie sich sogleich zeigen soll, arbeitete der griechische Geist von verschiedenen Seiten an den größesten kosmischen Ideen; Platon aber nahm daran den lebhaftesten Theil.

Wie unwahrscheinlich an sich schon, daß er in seinem hohen Alter nach einem forschungsreichen Leben, nach dem Umgange mit allen geistigen Höhenpunkten seiner Zeit noch auf demselben Standpunkt verharrt haben sollte wie in seiner Jugend, daß dasselbe, was Eindruck machte auf den jungen Platon, auch noch die Ueberzeugung seiner reifen Jahre beherrscht haben sollte. Hat er aber seine Ansicht in Beziehung auf die kosmische Anordnung geändert, hat er sie mehrmals geändert, dann ist es gewiß von hohem Interesse, die Reihenfolge dieser Aenderungen und die Motive derselben im Zusammenhange mit den Bestrebungen seiner Zeitgenossen zu überschauen.

Nach der Andeutung des Diogenes Laertius ist Phädrus einer der frühesten von Platons Dialogen, eine Angabe, gegen welche zwar neuerdings Zweifel erhoben worden sind, allein nicht von solchem Gewicht, daß sie davon wankend gemacht scheinen könnte. In diesem Dialog nun finden wir zwar kein astronomisches System entwickelt, allein an zwei Orten kommt die Rede auf Vorstellungen, welche einen nahen Zusammenhang haben mit der Art, wie das Weltgebäude gedacht ist. Wo Platon, unter einem Bilde verhüllt, uns seine Ideenlehre entwickelt, spielt seine Ansicht von Himmel und Erde wesentlich mit, so daß das eine vom andern in der That untrennbar erscheint. Es ist hier nun die Rede von einem unterhimmlischen und überhimmlischen Ort, wohin die unter dem Bilde eines Wagengespanns dargestellte Seele gelangt; eine solche Unterscheidung wird möglich dadurch, daß der Himmel gedacht ist als eine über die Erdscheibe gestürzte Glocke, welche den Luftraum unter sich trennt von dem was darüber ist. Die Wölbung ferner ist ein fester Körper, etwa Krystall, so daß eben hier bei Platon vom „Rücken des Himmels“ die Rede ist, auf welchem gestanden und gewandelt werden kann, ähnlich, wie man auf dem äußeren Dach einer Kuppel steht und wandelt. Es ist diese Vorstellung dem Platon nicht neu und eigenthümlich, sondern es ist dies vielmehr die alte ionische Anschauung, welche er noch nicht verlassen hat; überdies ist es die populäre in Griechenland, welche sich auch am natürlichsten vereinigt mit ihrer mythischen Auffassung vom Wandel der Gestirne, besonders des Helios und der Selene, die außen auf der Krystallglocke in bestimmtem Fahrgeleise ihr Gespann lenken.

Eine solche Scheidung des obern Himmels von dem unteren Luftraum durch eine feste Grenze, hat nun aber in der That noch einen viel tieferen Zusammenhang mit der platonischen Ideenlehre, als hier in der bildlichen Darstellung. Die Ideen gehören einer unkörperlichen, geistigen, jenseitigen Welt an, und dämmern nur herüber in unsere körperliche diesseitige; die Unterscheidung eines Diesseits und Jenseits gehört wesentlich zu dieser Ideenlehre und mit ihr zur gesammten platonischen Philosophie: der Krystallhimmel ist es nun aber, der auch sinnlich und real die Grenze bildet zwischen der diesseitigen und jenseitigen Welt; jene ist eine Welt voll Aether, ohne Masse und Schwere, diese aber fällt dem Stoff, dem Schweren anheim. Es gehört hiezu der Gegensatz eines Oben und Unten, wobei gedacht ist, daß das Körperliche, roh Materielle sich zu Boden gesenkt, und hier den tiefsten Ort eingenommen hat als Bodensatz — subsedit funditus ut faex, bei Lucrez. Zu der eben entwickelten Vorstellung gehört nun ganz wesentlich, daß die Erde flach, als Scheibe, gedacht sei, wie dies bei den alten Joniern der Fall war Die Scheibengestalt der Erde läßt erst den wahren Gegensatz des Oben und Unten zu, der bei sämmtlichen altionischen Philosophen eine so wichtige Rolle spielt und namentlich auch von Heraclit in hohem Grade ausgebildet ist. Von Aristoteles wissen wir, daß Platon sich in seiner Jugend in der Schule der Heraclitеer befand; nicht auffallend also, wenn diese Vorstellungen ihn beherrschten. An sie offenbar hat seine Lehre vom Jenseits sich in ihren ersten Anfängen angelehnt.

Allein zu Athen konnte der junge Platon nicht lange im ungestörten Besitz dieser Ansicht verbleiben. Vorstellungen von ganz entgegengesetzter Art, neu und großartig, drangen von Westen her, aus der Schule der Pythagoreer herüber.

Die Vertreibung der Anhänger des großen Philosophen hatte diese nach Griechenland, nach Theben, selbst nach Athen geführt. Die Schrift des Philolaus war hier gekannt, sie konnte dem jungen Platon nicht unbekannt bleiben. Boeckh hat einen Einfluß derselben in unserem Dialog, kurz vor der eben besprochenen Stelle zu entdecken geglaubt. Schleiermacher hat es zwar nicht zugeben wollen; allein es scheint sich nicht wohl in Abrede stellen zu lassen, selbst wenn der Einfluß nur ein indirekter wäre.

Die Worte lauten (p. 246): „Der große Herrscher im Himmel Zeus nun, seinen geflügelten Wagen lenkend, ziehet der erste aus, alles anordnend und versorgend, und ihm folget die Schaar der Götter und Geister in elf Zügen geordnet. Denn Hestia bleibet in der Götter Hause allein. Alle andern aber, welche zu der Zahl der zwölf als herrschende Götter geordnet sind, führen an in der Ordnung, die Jedem angewiesen ist". Die Art, wie hier der Hestia erwähnt wird, obwohl ganz unabhängig von dem Gedankengange, ist in der That so angethan, daß man hinter der mythischen Einkleidung einen bestimmten philosophischen Sinn vermuthen darf. Es bliebe freilich immer nur eine leise und entfernte Anspielung, da die zwölf Götter nicht den Planeten entsprechen; aber der geordnete Reigen und Hestia im Hause der Götter verbleibend, dies erinnert wohl allerdings an pythagoreische Anschauungsweise. Zu einer Consequenz kommt sie noch weniger, da ein solcher Weltheerd mit der ruhenden Erdscheibe und dem Krystallgewölbe darüber in keiner Weise zu vereinigen ist. Wir hätten also, falls man denn, mit Boeckh, geneigt ist, in dieser Hestia Pythagoreisches zu erkennen, hier bei dem jungen Platon gleichzeitig und dicht neben einander die Vorstellungen der italischen und ionischen Philosophie, beides einander widersprechend und keinesweges zu einem Einklange gediehen. Auf diesem Standpunkt konnte Platon nicht stehen bleiben.

Ein zweites sehr interessantes Stadium seiner Vorstellung von dem Weltgebäude finden wir nun im Phädon. Es scheint nöthig die Stelle, so weit wir sie brauchen, und zwar nach Schleiermachers Uebersetzung, hier vorzulegen, p. 108, d.:

„Es hat aber die Erde viele und wunderbare Orte, und ist weder an Größe noch Beschaffenheit so, wie von denen, die über die Erde zu reden pflegen, geglaubt wird, nach dem, was mir einer glaublich gemacht hat.

Darauf sagte Simmias: Wie meinst du das, o Sokrates? Denn über die Erde habe ich auch schon vieles gehört, wohl aber nicht das, was dich befriediget; darum möchte ich es gern hören.

Das ist wohl keine große Kunst, o Simmias, sagte er, zu erzählen, was ist; aber freilich, daß es so wahr ist, das möchte wieder schwerer sein als schwer; und theils möchte ich es vielleicht nicht können, theils auch, wenn ich es verstände, möchte doch mein Leben wenigstens, o Simmias, für die Größe der Sache nicht mehr hinreichen. Doch die Gestalt der Erde, wie ich belehrt bin, daß sie sei, und ihre verschiedenen Orte hindert mich nichts zu beschreiben.

Auch das, sprach Simmias, soll uns genug sein.

Zuerst also bin ich belehrt worden, daß, wenn sie rund inmitten des Himmels steht, sie weder Luft brauche um nicht zu fallen, noch irgend einen andern solchen Grund, sondern um sie zu halten hinreichend sei die durchgängige Einerleiheit des Himmels und das Gleichgewicht der Erde selbst. Denn ein im Gleichgewicht befindliches Ding in die Mitte eines andern solchen gesetzt, wird keinen Grund haben, sich irgend wohin mehr oder weniger zu neigen, und daher auf gleiche Weise zu allem sich verhaltend, wird es ohne Neigung bleiben. Dieses, sagte er, habe ich zuerst angenommen.

Und sehr mit Recht, sprach Simmias. — Dann auch, daß sie sehr groß sei, und daß wir, die vom Phasis bis an die Säulen des Hercules reichen, nur in einem sehr kleinen Theile, wie Ameisen oder Frösche, um einen Sumpf, so wie um das Meer herum wohnen, viele andere aber anderwärts an vielen solchen Orten. Denn es gebe überall um die Erde her viele Höhlungen und mannigfaltige von Gestalt und Größe, in welchen Wasser und Nebel und Luft zusammengeflossen sind, die Erde selbst aber liege rein in dem reinen Himmel, an welchem auch die Sterne sind, und den die meisten, welche über dergleichen zu reden pflegen, den Aether nennen, dessen Bodensatz nun eben dieses ist, und immer in den Höhlungen der Erde zusammenfließt. Wir nun merkten es nicht, daß wir in diesen Höhlungen der Erde wohnten, und glaubten oben auf der Erde zu wohnen, wie wenn ein mitten im Grunde der See Wohnender glaubte, oben auf dem Meere zu wohnen, und weil er durch das Wasser die Sonne und die anderen Sterne sähe, das Meer für den Himmel hielte, aus Trägheit aber und Schwachheit niemals bis an den Saum des Meeres gekommen wäre, noch über das Meer aufgetaucht und hervorgekrochen, um diesen Ort zu schauen, wie viel reiner und schöner er ist, als der bei ihm, noch auch von einem andern, der ihn gesehen, dies gehört hätte; gerade so erginge es uns. Denn wir wohnten in irgend einer Höhlung der Erde und glaubten oben darauf zu wohnen, und nennten die Luft Himmel, als ob diese der Himmel wäre, durch welchen die Sterne wandeln. Damit aber sei es gerade so, daß wir aus Trägheit und Schwachheit nicht vermöchten hervorzukommen bis an den äußersten Saum der Luft. Denn wenn Jemand zur Grenze der Luft gelangte, oder Flügel bekäme und hinaufflöge, so würde er dann hervortauchen, und sehen, wie hier die Fische, wenn sie einmal aus dem Meer herauftauchen, was hier ist sehen, so würde dann ein solcher auch das dortige sehen, und wenn seine Natur die Betrachtung auszuhalten vermöchte, dann erkennen, daß jenes der wahre Himmel ist, und das wahre Licht, und die wahre Erde. Denn die Erde hier bei uns, und die Steine, und der ganze Ort hier ist zerfressen und verwittert, wie was im Meere liegt, vom Salz angefressen ist, und nichts der Rede werthes im Meere wächst, noch es irgend etwas vollkommenes darin giebt, sondern nur Klüfte und Sand und unendlichen Koth und Schlamm, wo es noch Erde giebt, und nichts was irgend mit unseren Schönheiten könnte verglichen werden; jenes aber würde wieder noch weit vorzüglicher sich zeigen als die unsrigen".

Wir finden hier eine sehr bestimmte kosmische Vorstellung, welche von der im platonischen Phädrus wesentlich abweicht, und welche überhaupt einen sehr wichtigen Wendepunkt darstellt. Die Erde ist nicht mehr eine Scheibe, der Himmel über ihr nicht mehr eine Glocke, die Erde nicht mehr auf sich selbst ruhend als der letzte feste Punkt, nach welchem sich fragen läßt, der Himmel nicht mehr die Grenze zwischen einem unterhimmlischen und überhimmlischen Ort;

sondern: die Erde ist jetzt *eine Kugel* (περιφερὴς οὖσα) und weiterhin wird sie mit einem *zwölftheiligen ledernen Balle* verglichen; dann zweitens ist diese Erdkugel *im Weltraum freischwebend*: gewiß ein ungeheurer Gedanke, als man ihn zum ersten Mal faßte. Die Erdkugel schwebt frei, ohne Unterstützung, ohne allen Anhalt (also auch nicht wie Proclus wollte, durch eine Achse gehalten), bloß durch ihr Gleichgewicht, sowohl in sich selbst, als zu dem überall gleich weit abstehenden Himmel, dessen *Mittelpunkt* sie eben einnimmt.

Der Erdball ist groß, viel größer als er uns erscheint und wir ihn kennen, er ist nicht bloß um das Mittelmeer herum bewohnt, sondern auch anderswo, rund umher an seiner Kugelfläche an vielen anderen Meeren auf ähnliche Weise. Und gleichwohl ist die Erde nur klein, sehr klein im Vergleich zu dem Weltraum rund um sie her.

Nach dieser neuen Ansicht mußte nun auch die bisherige Vörstellung von dem Himmel und der Atmosphäre eine ganz andere werden. Aus dem, was *sonst der Himmel* hieß, wird jetzt *die Grenze der Atmosphäre*, welche concentrisch die Erdkugel umgiebt, und mit zu dieser gehört. Ja die Atmosphäre stellt erst die regelmäßige, mathematische Kugelgestalt her, welche an unserer Erdoberfläche vielfach unterbrochen und gestört, verwittert und zerfressen erscheint. Es umgiebt also ein Luftocean die Erdkugel, als eigentlicher regelmäßiger Abschluß unseres Planeten, wir leben auf dem Boden dieses Oceans, ähnlich als auf dem Boden des Meeres auch Geschöpfe leben. Zufolge einer Täuschung glauben wir, die Gestirne befänden sich an der Grenze der Atmosphäre — wie es noch im Phädrus angenommen wurde — allein sie sind weit außerhalb — der Weltraum liegt dazwischen; sie befinden sich am entgegengesetzten Ufer.

Die Grenzen des Weltgebäudes sind hier weit hinausgerückt, der Himmel in viel weitere Ferne gesetzt. Das Oben und Unten hat jetzt mit der kugelförmigen Erde und dem gleichfalls kugelförmigen Himmel freilich aufgehört, der Gegensatz des Schweren und Leichten hat eine andere Bedeutung bekommen und will nicht mehr passen auf den Unterschied des Körperlichen und Geistigen, so daß dies nach oben steige, jenes wagerecht sich unten ablagere. Aber doch sucht Platon auch bei der neuen Vorstellung sein Jenseits und Diesseits noch aufrecht zu halten: am Boden der Erde, auf dem Grunde des Luftoceans leben wir unser befangenes Dasein in Dunkel und Dämmerung, umgeben von gestörten und verderbten Formen und getrübten Farben; ihre reine Form, ihre reine Färbung erhält die Erde erst auf ihrer wahren Oberfläche, das ist auf der Grenze der Atmosphäre; als ein reiner, himmlischer Körper erscheint sie hier in ewiger unvergänglicher Schönheit inmitten der übrigen Weltkörper — als deren ruhender Mittelpunkt sie ja eben noch immer gedacht ist.

Ob man sich hiezu noch eine Himmelskugel mit fester Grenze vorstellen will, oder ob der Himmel nach allen Seiten unendlich und offen sei, lassen die Worte des Platon ziemlich frei — doch führen die Ausdrücke: Einerleiheit, Gleichgewicht, Mitte, wohl näher auf den Abschluß durch eine kugelförmige Grenze, die nur nicht zu materiell gedacht werden soll. Also die Erdkugel im Mittelpunkt, nur durch das Gleichgewicht gehalten und getragen — aber darum auch ruhend? Wir haben hier auf das entschiedenste keine Rotation, aber doch schon einen leisen Uebergang dahin, eine Vorbedeutung. Die Erdkugel wird verglichen mit einem zwölftheilig gestreiften Lederball; dieser nun hat schon Pole, schon eine Achse.

Aber noch keine Achse für die Bewegung der Erde, sondern eine Weltachse. Auch wenn man die Erdkugel als ruhend annahm, so brauchte man jedenfalls schon eine Achse für die Bewegung des Himmels, des gesammten Fixsternhimmels. Allein mit Einer Bewegung kam man nicht aus; denn Sonne, Mond und die übrigen Planeten haben außer ihrer täglichen Bewegung noch eine andere in ihrem Verhältniß zu dem Himmel der Firsterne. Hierfür eine Erklärung zu finden machte den Alten, und namentlich auch dem Platon, große Schwierigkeit. Einen Anlauf, das Problem zu lösen unter Voraussetzung von dem Stillstand der Erde im Mittelpunkt des Weltsystems, finden wir im zehnten Buch der Republik. Schleiermacher ist wohl nicht der einzige, welcher darüber klagt, daß er sich keine klare Vorstellung von dem weitläuftigen und schwerfälligen Mechanismus machen könne, durch den die vielfachen Bewegungen der Himmelskörper auf ein Gemeinsames zurückgeführt werden sollen; der Grund liegt in der Sache selbst.

Es werden acht concentrische Himmelskugeln angenommen, welche, gleich wie Schachteln, eine in der andern stecken; eine für die Fixsterne, und zwar die äußerste, die andern sieben für die Planeten, wobei Sonne und Mond mit eingerechnet sind, denn außer diesen zählen nur noch Merkur, Venus, Mars, Jupiter, Saturn. Durch diese Kugelschalen nun geht eine Achse (von Diamant, welche die Nothwendigkeit gleich einer Spindel zwischen ihren Knieen hält) und jede derselben schließt sich mit einem Wulst der Spindel an, so daß die Wülste in einander passen. Nun wird das Ganze in Bewegung gesetzt, und jede der Himmelssphären, an welcher ein besonderes Gestirn befestigt ist, erhält dabei eine andere Geschwindigkeit. Augenscheinlich dankt diese Hypothese hauptsächlich der Absicht ihren Ursprung, außer der täglichen Himmelsbewegung zugleich die ungleichen und rückläufigen Bewegungen der Planeten zu erklären — in Bausch und Bogen, denn daß keine Specialität ihrer Bewegungen auf diesem Wege erklärt werden kann, mußte bei näherer Erwägung bald einleuchten. Die Hypothese bietet darum keinen Ruhepunkt dar, sondern treibt sogleich fort zu einer andern.

Es schließt dies System der gedrehten Kugeln die Auffassung im Phädon nicht sogleich neben sich aus, denn auch hier bleibt die Erde stillstehend im Mittelpunkt des Weltalls, und vielleicht könnte man diesen Mechanismus für eine Ausbildung jener Anschauung halten; allein hier ist die Weltachse und die Einschachtelung verschiedener Sphären doch wesentlich und charakteristisch, während beides dort nicht nur fehlt, sondern auch fernbleiben zu müssen scheint. Ich nehme keinen Anstand, hier eine ganz verschiedenartige Anschauung zu erkennen, denn während wir dort die freischwebende, vom Gleichgewicht getragene Erde haben, umgeben von einer einzigen Fixsternsphäre, umkreist von gleichfalls freischwebenden Planeten, begegnen wir hier vielmehr dem Versuch durch Anheftung an Krystallsphären auf mechanischem Wege die Erscheinungen des Himmels zu erklären. Es ist dies eine Auffassung, welche der altionischen, die sich im Phädrus zeigt, eigentlich um vieles näher steht, als der Darstellung im Phädon, wo man sogar die Krystallkugel des Firsternhimmels ganz füglich entbehren könnte. Also muß hier ein besonderes Stadium der platonischen Kosmik angenommen werden, welches sich eben so sehr von der Ansicht im Phädrus als von der im Phädon unterscheidet. Es würde in der Reihenfolge das dritte sein, falls feststände, daß die Republik nach dem Phädon verfaßt ist, allein über die Chronologie des ersteren Werkes haben sich die Urtheile noch nicht vereinigt, wird doch sogar gestritten über die einzelnen Bücher der Republik, denen Carl Friedrich Hermann verschiedene Zeiten anweiset.

Was ich hier ganz freimüthig bekennen will, ist, daß ich es gern sehen würde, wenn das zehnte Buch der Republik, das sich übrigens nicht wohl an das neunte anschließt, in eine frühere Zeit und vor den Phädon zu setzen wäre. Warum? Weil eben die in der Republik enthaltene Vorstellung von dem System und der Oekonomie des Weltganzen mehr ionisch, und der im Phädrus verwandt ist, während die im Phädon gegebene einer ganz anderen Auffassung zugehört und ganz anderen Ursprung verräth. Jene war mechanisch, diese ist dynamisch und eröffnet eine neue Bahn höherer Auffassungen, denen man nicht folgen kann ohne jenen mechanischen Vorstellungen ganz und gar entsagt zu haben.

Diese neue Bahn, welche sich kühneren, aber auch einfacheren Hypothesen öffnet, führt von der freischwebenden Erde zunächst zur Achsendrehung hin, also zu demjenigen Stadium, welches wir im Timäus anzunehmen guten Grund hatten. Wer die dortigen Worte des Platon von der Anheftung der Erde verstehen wollte, konnte allerdings zurückdenken an die von den Knieen der Nothwendigkeit gehaltene Spindel oder Weltachse — allein die wahre Meinung des Platon war eben eine andere: die selbständige Drehung der Erde um ihre Achse, in welcher wir nun die vierte platonische Ansicht erkennen dürfen.

Und vielleicht würde sogar Rath zu einer fünften. Wie die Lehre von der freischwebenden Erdkugel forttreibt zur Achsendrehung, und statt jenes weitläuftigen und schwerfälligen Mechanismus der um dieselbe Weltachse mit ungleicher Geschwindigkeit gedrehten Sphären ein ganz Einfaches darbietet, so treibt wiederum die Achsendrehung der Erde sogleich zu einer anderen Annahme, zu einer unerläßlichen Vervollständigung hin, weil sie nämlich, wie dies Platon selbst im Timäus sagt, nur Ein Phänomen erklärt, nur den Wechsel von Nacht und Tag, nur die tägliche Drehung des Firsternhimmels, dagegen aber die jährliche Bewegung der Sonne durch den Thierkreis, so wie auch die Bewegungen der Planeten ganz unberührt läßt, welche alsdann sogar nur noch als eine größere Anomalie erscheinen müssen.

Es entsteht nun die höchst interessante Frage, ob Platon bei der bloßen Achsendrehung stehen geblieben sei, oder ob sein tiefsinniger, reger, unbefangener Geist auch noch einen Schritt weiter gethan habe. Es wäre dies fast anzunehmen, da der Timäus sicherlich nicht der letzte Dialog ist, den er geschrieben. Man sollte denken, so lange er gelebt, hätte dies große Problem ihn beschäftigen müssen, auf halbem Wege stehen zu bleiben sei hier unmöglich, unmöglich besonders dem Platon.

Nun giebt es aber eine merkwürdige Ueberlieferung an zwei Stellen des Plutarch, in den schon angeführten platonischen Quästionen und im Leben des Numa (cap. 11), welche uns melden, Platon habe noch in hohem Alter seine kosmische Ansicht geändert und namentlich der Erde eine andere Stellung angewiesen als vorher, er habe ihr nicht mehr die Stelle im Mittelpunkt gegeben, sondern diese jetzt vielmehr vorbehalten einem anderen besseren Gestirn: ἑτέρῳ τινὶ κρείττονι. Man kann hierbei an das pythagoreische Centralfeuer denken, allein man kann auch denken an das heliocentrische System, an jenes System, welches die Sonne zum festen Centralkörper macht und die Erde zum Planeten.

Was könnte anziehender sein als diese Untersuchung, falls es nur Mittel gäbe zu ihrer Entscheidung. Bevor wir uns hierüber orientiren, bevor wir den Versuch machen, wird es nöthig sein, in weiterem Umfange die Geschichte der kosmischen Systeme sowohl vor als nach Platon zu entwerfen, damit dieser Faden der Geschichte uns selbst näher darauf hinführe, was wir etwa dem Platon zutheilen dürfen und was nicht.

Einstweilen aber schließen wir mit dem Resultat, daß Platon zu verschiedenen Zeiten eine Reihe verschiedener kosmischer Anschauungen nach einander aufgestellt habe, ihrer vier oder vielleicht gar fünf.

III.

Eine Geschichte der kosmischen Systeme während der Blüthenperiode des griechischen Geistes scheint nach allen Vorarbeiten keineswegs entbehrlich, da die anerkanntesten Werke hier entweder, wie Delambre, große Lücken darbieten, oder, wie Whewell in seiner Geschichte der inductiven Wissenschaften, dessen Lieblingsthema doch sonst die Geschichte der Astronomie ist, mannichfacher Ergänzungen und Berichtigungen bedürfen.

Die Griechen haben meistentheils von den Nachbarvölkern im Osten und Süden die Anfänge der Künste und Wissenschaften überkommen; sie haben sie dann aber nicht nur rüstig fortgebildet, sondern, was ihnen besonders eigen bleibt, ist der Sinn für Klärung und Vollendung, und ein eigenthümlicher theoretischer Geist, der sie überall nach den Gründen der Erscheinungen fragen, und alle gewonnene Erkenntniß gleich zu einem System zusammenbauen läßt, das, wo es mit den Erscheinungen noch nicht übereinstimmt, wenigstens durch den sinnreichen inneren Zusammenhang gewinnt. Dies war das unmittelbare Bedürfniß jenes denkenden Volkes.

In der Astronomie waren andere Nationen den Griechen vorangegangen; aber die eigentlich kosmischen Ideen scheinen ihnen vorzugsweise anzugehören. Soweit die Beobachtung der periodischen Himmelserscheinungen reicht, konnten sie von den Aegyptern, Babyloniern und Chaldäern lernen; sobald sich's aber um Theorien handelt, waren sie auf ihren eigenen Geist gewiesen. Selbst die naivste Anschauung bildet sich in ihren Händen sogleich zu einer klaren und interessanten Gestalt aus.

In den Gedichten des Homer, wie bekannt ist, zeigt sich schon eine sehr bestimmte Vorstellung von dem Weltganzen; sie darf hier nicht übergangen werden, weil sie durch den Gegensatz erst den nachfolgenden Auffassungen ihr Verhältniß anweist.

Die Erde ist rund, eine Scheibe, ein Diskus, oder vielmehr ein Teller, denn an den Rändern ist sie etwas erhöht, in der Mitte vertieft, so daß hier das Wasser sich sammelt, das davon bis auf den heutigen Tag noch den Namen des Mittelmeeres bewahrt hat. Die Erdscheibe ist auch von Wasser begrenzt, vom Okeanos, allein dieser ist kein Ocean im späteren Sinne des Worts, sondern ein Fluß, der nördlich von den Säulen des Hercules entspringt, nach Norden, Westen, Süden herumfließt, um sich südlich von den genannten Säulen wieder ins Meer zu ergießen. Der Himmel aber ist eine Glocke, über die Erde gestürzt *).

*) Diese homerische Vorstellung vom Bau der Erde zur Klarheit erhoben zu haben, ist das Verdienst von Johann Heinrich Voß in seiner Abhandlung „über die Gestalt der Erde nach den Begriffen der Alten". Kritische Blätter Bd. II. Der Okeanos wird in solchem Sinne ἀψόῤῥοος genannt, Il. XVIII, 399 und Od. XX, 65. Besonders deut-

Die Erde gilt demnach als das letzte Feste, der Boden von Allem; das Gefäß für das mittlere Meer; der Okeanos als ein verhältnißmäßig schmaler Fluß kommt dagegen wenig in Betracht. Demgemäß spielt auch in den Theogonien die Erde als Stammmutter die Hauptrolle.

In der Theogonie des Hesiod entsteht nach und aus dem Chaos die breitbrüstige Erde (γαῖ' εὐρύστερνος) und ihr gleich (ἶσον ἑαυτῇ) der Himmel, damit er sie überall bedecken könne. Es ist hier die Erde als weit hingedehnte Fläche gedacht, demgemäß erhält auch der Himmel eine weite Ausdehnung und, was damit zusammenzuhangen scheint, eine flache Wölbung, wie die ganz naive Anschauung zufolge einer perspectivischen Täuschung darauf geführt wird.

Eine andere Vorstellung sehen wir in einem späteren Buch der Ilias (ξ, v. 201. 216) sich gestalten. Hier wird der Okeanos der Ursprung von Allem genannt: — 'Ωκεανοῦ, ὅσπερ γένεσις πάντεσσι τέτυκτει, und bald begegnen wir in Jonien einer Philosophie, welche in jeder Rücksicht alles Entstehen aus dem Wasser herzuleiten strebt. Unter anderen mehr theoretischen Gründen sprechen hier augenscheinlich auch Erfahrungen, Anschauungen mit; man hatte sich überzeugt, daß das äußere Wasser, das die Erde umgiebt, sowohl im Süden von Asien und Nubien,

---

lich und entscheidend ist die Art, wie auf dem Schild des Achilleus der Okeanos vorgestellt ist Il. XVIII, 606:

Auch die große Gewalt des Stromes Okeanos schuf er
Rings am äußersten Rande des schönvollendeten Schildes.

In anderen Theilen möchte die Abhandlung von Voß weniger befriedigend sein.

als auch jenseit der Säulen des Hercules etwas mehr sei als im Fluß, man sah sich genöthigt, eine ganz andere Vertheilung von Land und Wasser anzunehmen, dem letzteren das Uebergewicht, die Ursprünglichkeit einzuräumen. Die Erde des Thales, noch immer eine Scheibe, war nicht bloß die Unterlage, das Gefäß für ein Binnenwasser, sie selbst vielmehr wurde als vom Wasser getragen, darauf schwimmend gedacht.

Wir kommen hier auf die Lehre des ersten griechischen Philosophen, und dürfen bei ihm noch nicht ein System des Weltgebäudes erwarten, in welchem alle Erscheinungen berücksichtigt und erklärt sein sollen. Nur ganz allmälig wagt der denkende Mensch seinen Theorien einen weiteren Umfang und durchgreifenden Zusammenhang zu geben; in den ersten Anfängen des Denkens und Erklärens hat es nichts Auffallendes, wenn nicht alles stimmt, wenn Erscheinungen unerklärt, unbegriffen bleiben. Wir müssen deshalb zunächst denen entgegentreten, welche dem Thales nicht nur ein bestimmtes und ausgebildetes System beilegen, sondern auch ein solches, das offenbar in eine viel spätere Zeit gehört und mannichfache Vorstufen voraussetzt. In diesen Fehler, welcher die Geschichte der kosmischen Vorstellungen von vorn herein in arge Verwirrung setzt, ist namentlich Johann Heinrich Voß verfallen, indem er dem Thales zwar nicht die Kugelgestalt der Erde, welche die Placita philosophorum (lib. III) melden, aber doch die Kugelgestalt des Weltalls beilegt, und dadurch vermengt, was nach Zeit und Ort streng geschieden ist.

Wir müssen für Thales die horizontale Erstreckung als die Hauptdimension seiner Welt festhalten; er lehrt die Erdscheibe, eine kreisrunde Tafel der Erde — wenn die Placita sie sphärenartig (σφαιροειδής) nennen, so ist das nur die bei den Späteren vorkommende Verwechselung von Sphäre und Kreis, so wie ganz ähnlich auch Diogenes dem Anaximander eine sphärische Erde zuschreibt, während nach glaubwürdigen Nachrichten dies nur von einer kreisförmigen verstanden werden kann *).

Die horizontale Erstreckung der Erde wird nun fortgesetzt durch den Ocean, welcher nicht mehr ein Fluß, sondern ein weit ausgedehnter Ocean ist. Thales, der von phönizischer Abkunft sein soll, durfte um so eher davon Kunde haben.

Dieser Ocean setzt sich nun aber auch unter der Erde fort, er ist der letzte Grund von Allem, nach einer weiteren Grundlage, nach einem Gefäß, wovon der Ocean gehalten wird, darf nicht gefragt werden; das Wasser ist ja eben das Princip aller Dinge.

Die Erde ist eine dünne Scheibe und schwimmt als solche auf den Wassern des Oceans, sie schwimmt, wie ein Holz (Arist. de coel. II, 13). Es darf nicht auffallen, daß ihr die Fähigkeit des Schwimmens (πλωτή ibid.) beigelegt wird, denn den Begriff des specifischen Gewichtes hatte man nicht und bei den alten Joniern wiederholt sich die Vorstellung, daß schon die Breite das Getragensein möglich mache, so wie wahrscheinlich auch die Masse des Wassers den etwanigen Mangel des Gewichtes aufwiegen soll.

Aus dem Wasser nun steigt als Ausdünstung der Luftkreis empor, denn Luft und Wasserdampf gilt für dasselbe; die Luft kann sich zu Wasser verdichten. Der Luft-

*) s. weiter unten.

kreis zieht sich über die weite Fläche der Erde und des Oceans hin. Der Himmel, welcher ihn abschließt, ist ein Gewölbe, halbkugelförmig, wo nicht von flacherer Gestalt, wahrscheinlich aus einer soliden Materie bestehend gedacht. Dies ist nothwendig, weil die Sterne, zunächst die Fixsterne, daran geheftet sein müssen. Wenn wir dies auch nicht speciell für Thales nachweisen können, so wird es doch gemeldet von seinen Nachfolgern und erweist sich als allgemeine Anschauung der Schule.

Auf welche Weise nun diese Himmelsglocke, der wir ja noch im Phädrus des Platon begegnen, sich an den Ocean anschließt, bleibt unbestimmt, und es wäre nicht rathsam, darüber ein Näheres ermitteln zu wollen. Ebenso giebt man sich keine Rechenschaft, wie denn eigentlich die Gestirne ihren Lauf vom Untergang bis wieder zum Aufgang fortsetzen — man weiß nur, der Ocean verdeckt sie uns.

Es kann hiernach auffallen, wenn von Herodot gemeldet wird, daß Thales eine Sonnenfinsterniß vorhergesagt habe; es kommt darauf an, daß wir uns weder eine zu große noch zu geringe Vorstellung von dieser Thatsache machen, sie aber in Zweifel zu stellen ist kein Grund. Man kannte in jener frühen Zeit, und sogar schon vor Thales, die achtzehnjährige Periode, nach welcher die Sonnen- und Mondfinsternisse sich der Reihe nach wiederholen. Die Verfinsterungen sind überhaupt diejenige Himmelserscheinung, auf welche denkende Menschen zuerst ihre Aufmerksamkeit gerichtet und welche man sorgfältig aufgezeichnet hat. Den Chaldäern war in sehr alter Zeit schon diese Periode unter dem Namen Saros bekannt *). Die bloße Kenntniß der Pe-

*) Délambre Astron. anc. p. 212.

riode würde nun auch dem Thales schon zu seiner Vorhersagung ausgereicht haben, welche man also zu bezweifeln oder ins Unbestimmte zu ziehen nicht Ursache hat; aber er konnte sie auch berechnen, und es steht noch dahin, ob er dies nicht that. Die Mondbahn schneidet nämlich die Ekliptik; allein die Schneidungsknoten stehen nicht fest, sondern rücken jährlich auf der Ekliptik um etwa 19⅓ Grad rückwärts, es läßt sich also leicht finden, in wie langer Zeit sie den ganzen Umkreis durchlaufen, wo denn erst die Bedingungen zu den Finsternissen eintreten. Thales kannte nun aber auch die Ursache der Erscheinung, wie dies ausdrücklich berichtet wird (Plat. plac. philos. II, 24): es bedecke der Mond die Sonne, und dieser sei erdiger Natur, d. h. ein fester, undurchsichtiger Körper. Demgemäß hielt er denn überhaupt die Gestirne, d. h. wohl die Sonne und die Planeten, für Körper von erdiger Masse, Plat. Plac. philos. II, 13: *Θαλῆς γεώδη μὲν, ἔμπυρα δὲ τὰ ἄστρα.*

Bei dem zweiten Philosophen der ionischen Reihe, der in so vielfacher Rücksicht ein hohes Interesse in Anspruch nimmt, bei Anaximander, finden wir nun im Wesentlichen dieselbe Anschauung vom Weltgebäude, aber doch schon in einer Modification, welche den Uebergang bildet zu der späteren ganz abweichenden.

Zunächst muß wieder jener Irrthum beseitigt werden, der alles in Verwirrung bringt, und leider sich in Büchern festgesetzt hat, wo man ihn am wenigsten dulden darf, namentlich auch in Whewells Geschichte der inductiven Wissenschaften. Es betrifft dies die Kugelgestalt der Erde, welche Anaximander gelehrt haben soll, nach Diogenes Laertius. Bringt man nun dies vollends noch mit dem Princip des

Anaximander, dem *ἄπειρον*, in Verbindung, und versteht letzteres fälschlich vom Unendlichen dem Raume nach, so hat man die freischwebende Erdkugel im unendlichen Weltraum, und dies ist freilich eine Anschauung, welche himmelweit von der wahren des Anaximander verschieden ist.

Schleiermacher *) hat richtig erkannt, daß die unbestimmte und flüchtige Angabe des Diogenes (L. II, 1) kein Gewicht haben könne gegenüber der sehr bestimmten und eigenthümlichen Vorstellung, welche uns nach Plutarch bei Eusebius (Praep. evang. I, 8) überliefert ist, womit übereinstimmt Plut. placita philos. III, 10 **). Anaximander hält danach, gleich wie Thales, die Erde auch für eine Scheibe, auch für rund umher vom Ocean umgeben; aber er hält sie für weniger flach, und giebt ihr eine bestimmte Dicke; er erklärt sie für einen Cylinder, oder wenn man lieber will, Cylinderabschnitt, denn die Dicke ist gering gegen den Durchmesser der Grundfläche, sie beträgt, wie der Philosoph bestimmt angiebt, nur ein Drittel des Durchmessers. Scheint es doch als ob Erfahrungselemente bestimmt hätten, der Erdscheibe eine größere Mächtigkeit zu geben, etwa die Tiefe der Binnengewässer, der Bergwerke.

Die Erde ist also ein planparalleler Körper und die gesammte kosmische Ansicht ist noch immer von der hori-

---

*) In seiner akademischen Abhandlung über Anaxagoras. Schleierm. Philos. Schriften Bd. II, p. 171.

**) Der Vergleich beider Stellen ist namentlich auch darum sehr interessant, weil daraus hervorgeht, daß dem Eusebius eine andere und zwar ausführlichere Gestalt der Schrift des Plutarch über die Lehren der Philosophen vorgelegen haben muß, während uns nur ein dürftiger und oft gedankenloser Auszug erhalten ist, dessen Nachrichten aber doch aus einer guten Quelle fließen.

zontalen Erstreckung beherrscht: nur so glaubte man Stabilität zu gewinnen, jede andere Figur der Erde würde schwankend und schwindlig erschienen sein. Auch der Ocean hat nur eine horizontale Ausdehnung.

Aber auch hinsichtlich dieses Oceans scheint gegen Thales eine Veränderung einzutreten. Er zieht sich hier und bei den späteren ionischen Philosophen, wie Voß mit richtigem Takt wahrgenommen, wieder je mehr und mehr in die Enge, und auch der von demselben angeführte und nachgewiesene Grund ist wohl zu beachten, daß nämlich einerseits die griechischen Küstenfahrer jenseits der Säulen des Hercules durch Ebbe und Fluth abgeschreckt wurden, welche ihnen das Meer als einen Sumpf darstellten, anderseits durch die eigennützig verbreiteten Fabeln der Phönizier, welche keine Kunde von seiner Schiffbarkeit aufkommen ließen. Je unbekannter nun der Ocean den Griechen blieb und wurde, um so mehr erlaubten sie sich auf ihren ersten Versuchen graphischer Darstellung von der Welt denselben einzuschränken und seine Grenzen beliebig abzurunden. Eine solche erste Weltkarte hat, nach Diogenes, Anaximander entworfen, und Herodot (IV. 36), der ihrer insgemein erwähnt, lächelt über die runde Gestalt, die man ihr gegeben, „runder als von der Drechselbank", über die gleichmäßige Abrundung Asiens und Europas und über die Schmalheit des Okeanos.

Wenn der Ocean horizontal sich erstreckt, und sich nicht ins Unendliche verläuft, wird er begrenzt sein müssen, begrenzt vom Himmel. Der Himmel kann begrenzen, da er ja solider Natur ist. Er erstreckt sich bis unter den Ocean, etwa parallel mit der Cylinderform der Erde — wie tief, danach muß man nicht fragen. Aber auch in dieser Unbestimmtheit kann er den Ocean, dessen Masse ja nicht mehr so groß ist, hindern seitwärts abzulaufen.

Hiernach wird es denn auch sehr fraglich, ob Anaximander, gleich wie Thales, seine Erde noch auf dem Wasser schwimmen lasse. Mehr als Ein guter Grund spricht dagegen. Anaximander macht das Wasser nicht mehr zum Grundprincip aller Dinge, kann also seiner, als der letzten Grundlage entbehren, dann ist aber auch sein Erdkörper von größerer Mächtigkeit und Schwere und um so viel weniger geeignet zum Schwimmen; endlich leitet er die Weltentstehung aus einem Scheidungsproceß der Gegensätze her, wobei das Leichte und Luftförmige emporsteigt, das Feste und Schwere sich niedersenkt, in welchem Sinne von H. Ritter zur Verdeutlichung der Lehre des Anaximander die verwandte bei Diodorus Siculus (I, 7) herbeigezogen worden. So werden wir denn also annehmen dürfen, daß bei Anaximander die runde, breite Erde, in Form eines Cylinderabschnittes wieder der letzte Boden von Allem sei, zwischen ihr und dem Himmel nur ein schmaler Streif des Okeanos, gleichsam nur um die Bewegung des Himmels zu erleichtern.

Was nun den Himmel selbst anlangt, so kann er unmöglich eine andre Form haben als die einer Halbkugel. Wissen wir etwas von seiner Substanz? Diese wird uns eine feurige genannt, und soll die Luft über der Erde einschließen, wie die Rinde den Baum — *φλογὸς σφαῖρα — ὡς τῷ δένδρῳ φλοιόν*. Euseb. praep. ev. I, 8. Ihre feurige Natur hindert also nicht, daß sie eine Grenze bildet. Ja, diese umschließende Rinde bildet mehrere Lagen und zwischen ihnen wandeln die verschiedenen Gestirne, Sonne, Mond, die Fixsterne (ibid.).

In der That eine neue und auffallende Vorstellung! Welchen Sinn kann sie haben, und was hat darauf hingeführt?

Der Himmel ist auch dem Anaximander der feste Sitz der Firsterne; aber nicht zugleich die Bahn der Sonne des Mondes und der Planeten. Diese bewegen sich in anderen, und zwar in verschiedenen Abständen. Wir haben darüber eine gute Nachricht von Eudemus in des Simplicius Commentar zur Schrift des Aristoteles über den Himmel. Der Mond hat eine andere Entfernung als die Sonne, er ist uns näher. Noch näher als den Mond nahm Anaximander die Planeten an, und dann noch näher — den Firsternhimmel. Dies was uns besonders auffallend erscheinen muß, erklärt sich doch sehr gut aus dem Zusammenhange seiner übrigen Ansichten und aus dem Standpunkt damaliger Erfahrungen. Der Firsternhimmel ist eine feste Krystallglocke, Sonne, Mond, die Planeten wandeln jenseit. Hier nun bedürfen sie ein jeder für seine selbständigen Bewegungen einer besonderen Unterlage, eines Stützpunktes.

Der Auszug aus den Meinungen der Philosophen bei Plutarch (II, 15) gedenkt der Kreise und Sphären, auf denen ein jedes Gestirn wandelt — *ὑπὸ κύκλων καὶ σφαιρῶν, ἐφ᾽ ὧν ἕκαστος βέβηκε.* Sie eben sind es, welche jene Lagen bilden, wie Baumrinde, d. h. einander nahe liegen, so daß die Gestirne nur eben an einander vorbei können, z. B. der Mond vor der Sonne. Noch viel merkwürdiger ist die Erklärung, welche uns im Folgenden gegeben wird: Anaximander nehme einen Kreis an, acht und zwanzigfach so groß als die Erde, welcher nach Art eines Wagenrades einen hohlen Rand habe, dieser sei mit Feuer angefüllt, und in demselben eine Oeffnung, durch welche das

Feuer durchdringe — und das sei: die Sonne. Die Angabe ist nicht völlig deutlich, wahrscheinlich durch zu große Kürze des Auszugs, aber es scheint dennoch daraus hervorzugehen, daß Anaximander sich die Sphären selbst als undurchsichtig dachte, die Zwischenräume aber mit Feuer angefüllt, welches durch einzelne Oeffnungen hindurch leuchte. Gleiches nahm er auch für den Mond an (ibid. 25) und wahrscheinlich auch für die Fixsterne. Er brauchte auf diese Weise die Gestirne nicht mehr anzuheften.

So befremdend uns nun auch diese Anschauungen entgegentreten, so läßt sich doch einsehen, daß ein bestimmter Grund zu ihrer Annahme nöthigte, und zwar zunächst ein aus der Erfahrung entlehnter. Man hatte eine Thatsache kennen gelernt, welche es unmöglich machte, Sonne und Mond auf derselben Sphäre und in gleichem Abstande wandeln zu lassen: bei der Sonnenfinsterniß ging, wie Thales lehrt, der Mond bei der Sonne vorbei, er also mußte uns näher sein, näher als die Sonne — aber entfernter als der Fixsternhimmel. Hiernach blieb es nur übrig jenseits des letzteren die Zahl der Sphären zu vermehren, oder vielmehr die Krystallglocke selbst in mehrere Schichten zu spalten, die einander nahe liegen, und auch noch keine eigene Bewegung haben, denn es scheinen vielmehr zwischen ihnen Räder oder Ringe (s. obige Stelle bei Plutarch) für die Bewegung der Sonne und der Planeten gedacht zu sein. Man hatte bei dieser Anordnung zugleich noch den großen Vortheil, die Feuersphäre, welche den Gestirnen und besonders der Sonne ihr Licht gab, zu äußerst zu bekommen, so wie denn dieser Ort dem Feuer, zufolge seiner Leichtigkeit, auch allein zu gehören schien. Alles Licht im Weltraum wird somit zurückgeführt auf eine einzige Quelle im Jenseit — und wir bekommen hier zum ersten Mal eine sublunarische Welt.

Das System des Anaximander hat in dieser bisher verkannten Gestalt eine große Eigenthümlichkeit, und führt über zu den ferneren kosmischen Systemen der Griechen.

Das Streben nach einem zusammenstimmenden System veranlaßte den Philosophen in einzelnen Punkten wieder rückwärts zu gehen, so namentlich in Beziehung auf Sonne und Mond und die Ursache ihrer Finsternisse. Während Thales das Licht des Mondes als ein von der Sonne erborgtes erkannte, gab Anaximander dem Mond wieder ein eigenes Licht (Plut. plac. philos. II, 27), nur ein dünneres. Während ferner sein Vorgänger die richtige Ursache der Sonnenfinsterniß in dem Dazwischentritt des Mondes fand, ging Anaximander davon zurück und erklärte sowohl die Mond- als auch die Sonnenfinsternisse durch die Verstopfung der diesen Gestirnen zugehörigen Lichtöffnungen. Dies kann befremden, und dem Anaximander sehr zum Nachtheil gerechnet werden. Allein wir müssen alles erwägen und gerecht sein. Die Erklärung des Thales paßte befriedigend auf die Sonnenfinsterniß, allein diese Erklärung ließ keine Erweiterung und keine Anwendung auf die Mondfinsterniß zu. Dies Phänomen, häufiger als jenes, blieb vollkommen unerklärt, Thales war von seinem Standpunkt nicht im Stande die Frage nach der Ursache der Mondfinsterniß zu beantworten, denn nach dem damaligen Weltsystem war es ganz unmöglich, hier der Erde selbst eine ähnliche Rolle einzuräumen, wie sie dort der Mond spielt. Was war die

Folge? Daß man die schon erkannte Wahrheit verließ, weil sie von den beiden analogen Erscheinungen nur die Eine erklärte, und daß man in sonderbare und weithergesuchte Theorieen sich verstieg, um nur für beide Phänomene denselben Grund zu haben. Auch hier ist Streben und Gedanke, und wir haben hier einen Fall, der wohl verdient, in der Geschichte menschlicher Forschung angemerkt zu werden. Besonders beachtenswerth ist noch, daß die Einsicht des Thales dennoch den Anaximander selbst bestimmt zu haben scheint bei seiner Lehre über die Reihenfolge der Gestirne. Wenn dagegen Diogenes (II, 1) dem Anaximander die Lehre von der Erleuchtung des Mondes durch die Sonne zuschreibt, so ist das entweder eine Verwechselung mit Thales, zumal da er die Meldung mit denselben Worten thut, wie die Placita (II, 28) von jenem, oder aber, was auch möglich und glaublich ist, es folgte Anaximander hierin anfangs seinem Lehrer, bis er sich genöthigt sah eine eigene Theorie zu versuchen.

Je weniger nun dieser ionische Philosoph die Kugelgestalt des Mondes anerkannte, um so mehr blieben seine ionischen Zeitgenossen und ihre Nachfolger von der Annahme der Kugelgestalt für die Erde und für die Welt entfernt, denn der Mond als nächster Gefährte unseres Planeten ist ausschlaggebend für diese Auffassung.

Auch über die relative Größe der Himmelskörper (resp. der Lichtöffnungen) stellte Anaximander Betrachtungen an, und gab selbst Zahlenbestimmungen, wobei aber das Interessanteste fehlt, die Elemente, nach denen er rechnete. Er hielt nach Diogenes die Sonne für nicht kleiner als die Erde: *οὐκ ἐλάττονα τῆς γῆς*. Mit dieser negativ gefaßten Angabe streitet nicht die positive in zwei Stellen bei Plutarch

(Placit. philos. II, 20, 25). Die Angabe scheint aber aus einer sehr guten Quelle, nämlich dem Eudemus zu fließen (s. Simpl. ad Arist. de coel. Brond. p. 497). Hiernach ist die Sonne 28 mal größer als die Erde, der Mond 27 mal größer als die Erde, also die Sonne nur $\frac{1}{27}$ größer als der Mond *). Auf gleiche Weise müßten sich denn auch die Entfernungen stellen; der Mond wäre hiernach nur wenig näher als die Sonne. Dies stimmt sehr gut zu seinem Bilde von der Baumrinde; der Lauf beider Gestirne ist nur durch eine dünne Schicht getrennt. Man sieht, wie schwer es dem Anaximander wird, sich von der alten Vorstellung zu entfernen, und jenseits hinaus in den offenen Ocean des Weltraums sich zu begeben. Es ist gleichsam nur erst eine Küstenschifffahrt. Und doch ist die Grenze schon überschritten und die Bahn gebrochen zu einem anderen kosmischen System, das sich auch bald einstellt.

Um hier die Reihe der altionischen Philosophen abzu schließen, muß hier noch zweier gedacht werden, die schon einer etwas späteren Zeit angehören, von denen aber der eine als Philosoph und Forscher überhaupt nicht bedeutend ist, der andere dagegen seinen Tiefsinn auf ein Gebiet wandte, das uns hier fern liegt. Es müssen aber ihre Anschauungen vom Weltgebäude hier zur Sprache kommen, weil darin zugleich die Bestätigung oder Widerlegung unserer Ansicht von den Lehren ihrer Vorgänger enthalten sein muß.

*) Dagegen ist in der Stelle des Origenes (Philos. cap. 6) ein offenbarer Fehler, wenn er von der Sonne dieselbe Zahl meldet, aber als Einheit nicht die Erde sondern den Mond nimmt. Brandis verband nicht die beiden Nachrichten bei Plutarch, sondern die des Origenes mit der einen des Plutarch, wovon denn freilich kein Sinn zu erwarten ist.

Anaximenes nimmt die Erdscheibe an, den schmalen Okeanos rund umher, die krystallene Halbkugel darüber. Er spricht sich deutlich darüber aus, daß sie aus festem, starrem Stoff bestehe, denn die Gewährsmänner führen uns die Ausdrücke ἐκ γῆς und γήϊνος zu. Seine Erdscheibe hat wieder eine geringere Dicke als bei Anaximander, denn er nennt sie tischartig — τραπεζοειδής — auch schwimmt sie nicht auf dem Okeanos, sondern scheint diesen vielmehr zu tragen. Wie aber der Philosoph die Luft zum allgemeinen Princip nimmt, so läßt er sie zugleich auch auf Luft schweben, wovon weiter unten. Sonne und Mond sind ihm keine kugelförmigen Körper, sondern flach, wie ein Blatt, (Plat. plac. philos. III, 10) sie werden getragen von der Luft wegen ihrer Breite, (Plat. ap. Euseb. praep. ev. I, 8) während die Fixsterne angeheftet sind, sie haben also freie Bewegung unterhalb des Fixsternhimmels. In allen diesen Lehren zeigt sich ein Zurückgehen von den schwierigern Theorieen des Thales und besonders des Anaximander, zugleich aber schon eine gewisse Aneignung pythagoreischer Vorstellungen. Noch ferner bestreitet er, daß Sonne und Mond unter der Erde ihre Bahnen fortsetzten, sie gingen nur hinten herum, wo im Norden die Erde sich erhöbe (Orig. Philos. cap. 10). Man sieht, er faßt kein Problem in seiner Schärfe, geschweige denn daß er es löste; dagegen aber sucht er überall möglichst zu unterhandeln mit der populären Vorstellung. Hierarchischer Druck in den demokratisch regierten Städten Joniens scheint sich um diese Zeit sehr fühlbar zu machen.

Wir finden in der eben angezogenen Stelle aus Origenes noch einen bildlichen Ausdruck, welcher nicht übersehen zu werden verdient, denn es heißt im ferneren: die Gestirne, d. h. eben der Firsternhimmel, bewegen sich, wie ein Hut um unsern Kopf: *ὡσπερεὶ περὶ τὴν ἡμετέραν κεφαλὴν στρέφεται τὸ πιλεῖον.* In dem Bilde des Huts nämlich erscheint die Vorstellung von der Halbkugel des Himmels so deutlich, wie, meines Wissens, an keiner anderen Stelle.

Auch Heraclit, dessen Größe freilich nicht auf Seiten astronomischer Forschung und kosmischer Systeme liegt, folgt hier ganz dem Hergebrachten, das sich nicht weit von der populären Vorstellung entfernte, und in nahem Einklange mit der unmittelbaren Anschauung blieb. Er hat die Erde als Scheibe, den Himmel als Halbkugel. Die horizontale Ablagerung der Erde am Boden ist ihr natürlicher Ort, so wie das Feuer seine natürliche Stelle zu äußerst hat; es giebt überhaupt nur zwei Bewegungen, feuerwärts nach oben und erdwärts nach unten. Seine gesammte Philosophie dreht sich um den Unterschied dieses Oben und Unten, des Himmels droben, und der Erde — hienieden. Die Philosophie des Heraclit ist in dieser Rücksicht die Vorbildung der platonischen Jenseitslehre, welche noch ganz in dieser altionischen Weltanschauung wurzelt.

IV.

Wir gehen jetzt über zu einer ganz anderen Anschauungsweise, und verbleiben doch in Griechenland. Wir wenden uns nach Westen, nach Unteritalien und Sicilien, insbesondere zu den Städten von dorischer Gründung. Hier begegnen wir einem anderen griechischen Stammcharakter, der seinen Einfluß in der Philosophie sogleich geltend macht. Und doch waren es zunächst zwei Männer von ionischer Abstammung, welche die Keime griechischen Forschergeistes säten in diesen neuen Boden.

Pythagoras verließ Samos, Xenophanes Kolophon, beide jüngere Zeitgenossen Anaximanders. Es ist schon angedeutet worden, daß die Hinneigung der ionischen Städte zur Demokratie und das damit Hand in Hand gehende strengere Festhalten an religiösen Satzungen einer freien Entwickelung der Philosophie nicht günstig war, die Forscher zur Auswanderung bewog, wo nicht in Verbannung schickte, wie dies von dem letzteren der Genannten gemeldet wird. Wo aber hätte ein Grieche anders leben können als bei Griechen; in den Kolonieen nun war mehr Freiheit als im Mutterlande, weil man hier nach dem Geist der Zeit ein neues Leben einrichtete, und das alte Herkommen mit seinen fesselnden

Schranken dort zurückließ. Insbesondere boten die neugegründeten Städte von dorischer Abkunft der freien Regung des Geistes eine Zufluchtstätte, da sie aristokratisch regiert waren. Sie thaten es so lange, bis auch hier Tyrannis und Ochlokratie ihren vernichtenden Kampf begannen.

Es wird viel, aber Unbestimmtes, von den Reisen gemeldet, die Pythagoras nach Aegypten, nach Babylon, nach Indien gemacht haben soll; in alter und neuer Zeit hat man den Vorsprung seines Wissens vorzüglich aus dieser Quelle herleiten wollen.

Es scheint nicht mehr festzustehen als der Verkehr mit Aegypten, man darf nur sagen: der Verkehr. Allerdings konnte Pythagoras lernen von ägyptischen Priestern, namentlich auch in der Sternkunde. Sie hatten sorgsam beobachtet und aufgezeichnet. Als Aristoteles von einer Firsternbedeckung durch den Mars spricht (de coelo II, 12), erwähnt er der Beobachtungen der Babylonier und Aegypter, und sagt: „von denen wir viele Aufzeichnungen über jedes einzelne Gestirn haben" — *παρ' ὧν πολλὰς πίστεις ἔχομεν περὶ ἑκάστου τῶν ἄστρων*. Aber er hat ihrer niemals bei irgend einer Theorie gedacht. Welchen Einfluß sollten sie hier auch auf die Griechen ausüben, da diese der kosmischen Systeme so viele, und so verschiedenartige haben, deren jedes uns mit seinen selbständigen Gründen entgegentritt.

Man vergesse nicht, daß Pythagoras auch der Zeitgenoß des Anarimander war, daß er nach aller Wahrscheinlichkeit zu ihm in näherer Beziehung gestanden, endlich daß er in den Einflüssen des Thales lebte, von dem der großartige Forschersinn und der mathematische Geist vorzugsweise sich auf ihn übertragen hat. Fanden wir bei Anarimander in manchen Punkten schon Rückgang, namentlich in seiner Lehre von den Verfinsterungen und von der Natur der Sonne und des Mondes, so ist bei Pythagoras nur Fortgang in gerader Linie.

Der Mond ist der große Lehrmeister für alle kosmischen Anschauungen der Erdbewohner. Er lehrte den Thales die „erdartige" Natur der Gestirne, womit die Kugelgestalt der Sonne und der Planeten unmittelbar eingeschlossen sein muß; er wurde nun auch der große Lehrmeister des Pythagoras, ließ ihn das ganze kosmische System seiner Vorgänger verwerfen, ließ ihn die Kugelgestalt der Erde erkennen, und daß sie sei: ein Stern unter Sternen.

So wie der mathematische Sinn nur ein wenig ausgebildet ist, muß sogleich eingesehen werden, daß der Mond eine Kugel ist; die Lichtphasen zeichnen ihn uns als eine solche.

Ist er eine Kugel, ohnedies eine Kugel von sehr erheblichem Umfange und Gewicht, so kann er nicht wohl an den Himmel oder an irgend einen ihn tragenden Ring angeheftet sein. Er muß freischwebend, durch eigne Kraft seine Bahn vollenden.

Dieser freischwebende Himmelskörper bietet uns nun eine Oberfläche, welche der Erdoberfläche ähnlich zu sein scheint; die Alten sprechen von seinen Bergen und Thälern, Spalten und Klüften, die in dem klaren südlichen Himmel auch ohne Fernrohr erkannt werden konnten.

Entscheidend aber wurden die Mondfinsternisse, jenes Phänomen, das Thales und Anaximander nicht zu erklären im Stande waren, so daß letzterer deshalb sogar die schon gefundene richtige Theorie der Sonnenfinsterniß wieder aufgab. Der Mond ist es, welcher bei der Verfinsterung der Sonne vor diese tritt und mit seiner kugelförmigen Gestalt einen kreisförmigen Abschnitt in dieselbe hineinzeichnet. Diesen sich fortbewegenden kreisförmigen Abschnitt sehen wir nun auch bei den Mondfinsternissen, und es fragt sich nur, welcher kugelförmige Weltkörper es sei, der sich zwischen Mond und Sonne stelle, um auf gleiche Weise die Ursache der Verfinsterung zu werden. Man mußte das ganze bisherige Weltsystem aufgeben, um sagen zu können: die Erde. So wie man aber dies aussprach, befand man sich sogleich in einer neuen kosmischen Anschauung.

So mangelhaft und abgerissen auch unsere Nachrichten sind, so unterliegt es doch keinem Zweifel, daß Pythagoras es war, welcher diesen wichtigen Schritt that. Die Lehre von der Kugelgestalt der Erde finden wir bei allen Pythagoreern und wir finden sie bei keinem Jonier, nicht einmal bei den späteren: eine so entscheidende Lehre konnten aber die Schüler nur von ihrem Meister empfangen haben; der ja überhaupt ein so großes Uebergewicht behielt, daß man auf ihn zurückzuführen sucht auch was ihm nicht gehört.

Wir müssen uns begnügen mit den kurzen Angaben des Diogenes; aber glücklicherweise spricht die Sache klar und leuchtend durch sich selbst. Es heißt bei diesem späten und schlechten Compilator, der aber gute Quellen vor sich hatte (VIII, 26) von Pythagoras: „Er nimmt die Welt kugelförmig an, in ihrer Mitte die Erde enthaltend, welche gleichfalls kugelförmig ist und rund umher bewohnt. Es gebe Antipoden, und was für uns unten ist, sei für sie oben".

Hier ist ein großer Wendepunkt, eine durchaus neue

Weltanschauung. Die Kluft zwischen der kosmischen Ansicht des Pythagoras und der seines Vorgängers ist größer als der Abstand zwischen Pythagoras und Copernicus. Dort befand sich der Gedanke noch im Einklange mit der unmittelbaren Anschauung, die breite Erde, wo nicht auf sich selbst ruhend, so doch in beträchtlicher Dicke vom befreundeten Wasser getragen, gab allem Denken die sicherste, behaglichste Grundlage; aber wie schwindlich jetzt: die Erde selbst ein freischwebender Stern im Weltall, der Himmel auch eine Kugel, weder dort noch hier ein oben und unten, die Erde unter unseren Füßen bewohnt, wir ebenso die Antipoden jener, wie sie die unsern!

Nichts von allem galt mehr, woran man sonst geglaubt: nicht die Erdscheibe, nicht der Ocean, worauf sie schwimmt, nicht die Himmelsglocke, welche die Welt so traulich abschloß. Die Sterne beschreiben ihre Bahnen auch unter dem Horizont fort; Sonne und Mond haben nicht nöthig hinter den Bergen herum zu schleichen, um vom Untergang zum Aufgang zu gelangen; sie leuchten den Bewohnern der anderen Halbkugel: Licht und Finsterniß, Tag und Nacht, so lehrt Pythagoras, sind gleich vertheilt, eben so wie Land und Meer auf der kugelrunden Erde. Aber diese Erde ist noch der Mittelpunkt der Welt; und zwar dies im doppelten Sinne: das kugelförmige Firmament, der Fixsternhimmel, überall in gleichem Abstande, die Achse um welche er sich dreht, geht durch den Mittelpunkt der Erde; sodann ist die Erde auch der feste Punkt, um welchen kugelförmige Himmelskörper ihre Bahnen beschreiben, Sonne, Mond, die Planeten. Wir haben hier zuerst ein geocentrisches System.

Alle diese sich frei bewegenden Weltkörper sind Kugeln,

die Bahnen, welche sie beschreiben, sind Kreise. Der Kreis ist die vollkommenste Figur, die Kugel der vollkommenste Körper: so ziemt es göttlichen ewigen Wesen. Nur die Kreisbahn ist sich selbst gleich, kehrt in sich selbst zurück, nur hierin liegt die Bedingung der ewigen Fortdauer der Welt, so wie die Göttlichkeit der Gestirne. Speculative Gründe solcher Art, übereinstimmend mit den ersten Einsichten der gewissesten aller Wissenschaften, der Geometrie, schienen eine unmittelbare Bestätigung dieser neuen kosmischen Anschauungen zu gewähren.

Aber ein anderes sind solche hinterdrein aufgestellten Theorieen, und ein anderes die speciellen Gründe, welche zur Ueberzeugung selbst hingeführt haben. Aristoteles zählt uns die Gründe auf, welche auch ihn bestimmten, die Lehre von der Kugelgestalt der Erde für die einzig richtige zu halten, de coelo, II, 14. Er hat verschiedene speculative Gründe angegeben, die für uns nicht mehr von Gewicht sein können, und setzt dann hinzu, es gebe auch Gründe, welche unmittelbar in die Wahrnehmung fielen, d. h. auf Beobachtung beruhen. Obenan steht hier das Schattenbild der Erde bei der Mondfinsterniß, welches immer eine kreisförmige Figur bildet, wie es unter allen Umständen nur die Kugel thun kann, die Scheibe aber nur bei normaler Stellung gegen den leuchtenden Körper. Der zweite Grund ist, daß in Aegypten und der Insel Cypern der Polarstern in einer andern Höhe erscheine als in Griechenland, daß er sich hebe, je mehr man nordwärts, daß er sich senke, je mehr man südwärts gehe, eine Erscheinung, welche allerdings nur ihre Erklärung findet, wenn der Beobachter sich auf einer Kugelfläche bewegt.

Beide Gründe nun, welche auch heutigestags noch als entscheidend gelten, dürften schwerlich hinterdrein gefunden sein, so wie sie denn auch wohl schwerlich dem Aristoteles angehören möchten. Sie haben gewiß mitgewirkt, auf den Gedanken von der Kugelgestalt der Erde hinzuführen, ein Gedanke, der so sehr mit der unmittelbaren Anschauung im Widerspruch steht, daß wohl nur Gründe der unwiderleglichsten Art zu seiner Annahme bewegen konnten. Alsdann dürften sie vielleicht dem Pythagoras selbst gehören. Daß die Beobachtung der Schattenfigur bei der Mondfinsterniß eine Rolle spielt, macht die Sache besonders glaublich, da diese Verfinsterungen von der ältesten Zeit her die besondere Aufmerksamkeit der Astronomen besaßen. Thales schon nahm an und wußte, daß bei der Sonnenfinsterniß der Mond zwischen Sonne und Erde tritt; der nächste Schritt war zu vermuthen und sich zu überzeugen, daß bei der Mondfinsterniß es unsere Erde ist, welche auf jenen Körper ihren Schatten wirft, und ihm das Licht der Sonne entzieht — daß die Sonne ihn beleuchtet, wußte ja gleichfalls schon Thales. Hatte man dies erst, so war auch die Gestalt der Erde durch Beobachtung sogleich wahrgenommen — und jene andre Erscheinung von der verschiedenen Polarhöhe in verschiedenen Breitengraden ergab die sichere Bestätigung.

Hier hätten wir also inductive Gründe, welche den wahren Ausschlag geben, richtig combinirte Thatsachen, welche den griechischen Geist in so früher Zeit den ersten tiefern Blick in das große System des Weltgebäudes öffneten, und einen großen Wendepunkt herbeiführten, der, wunderbar genug, in der Philosophie gerade den schwindlichsten Idealismus zur Folge hatte.

Der Planeten sind bei Pythagoras sieben, wie der Töne in der Octave; der Morgen- und Abendstern ist ein und derselbe. Pythagoras soll, nach Diogenes, der erste gewesen sein, der die Identität beider erkannte. Die sieben Planeten also sind: Sonne, Mond, Merkur, Venus, Mars, Jupiter, Saturn.

Auch über ihre Anordnung läßt sich Rechenschaft geben. Es findet sich eine kurze Notiz in der Biographie bei Photius, welche uns glücklicherweise das Weltsystem des Pythagoras vervollständigen hilft und einen neuen wichtigen Fortschritt gegen seinen Vorgänger ergiebt. Pythagoras ordnet die Himmelskörper, welche die Erde umkreisen, in folgender Art: zu äußerst der Fixsternhimmel, welcher die Grenze des Alls bezeichnet, sodann als fernster Planet Saturn, demnächst Jupiter, dann Mars, Venus, Merkur, dann Sonne, dann Mond. Dieser ist der nächste Planet, die Erde aber ist in ihrem festen Kern umgeben vom Ocean, von einer Luft und einer Feuersphäre. Wieviel anders als bei Anaximander, welcher die Planeten mit Sonne und Mond entfernter annahm als die Fixsterne. Wenn aber letzterer durch Beobachtung bewogen war, die Sonne hinter den Mond zu setzen, so ist es offenbar wiederum eine Beobachtung, welche den Pythagoras bestimmt, den Mond vor die Planeten zu setzen. In der Schrift des Aristoteles über den Himmel (II, 12) geschieht der Thatsache Erwähnung, daß eine Bedeckung des Mars durch den Mond beobachtet worden und daß auch schon die Alten von diesem und anderen Planeten Aehnliches gesehen: eine solche Beobachtung nun hat Pythagoras gemacht, oder gekannt, denn eben nur ihretwegen kann er sich zu der neuen Ordnung entschlossen haben, welche allerdings hinsichtlich des Mondes die richtigere ist. Einen Durchgang des Merkur durch die Sonne muß er freilich nicht gekannt haben, denn sonst könnte er die Sonne nicht vor den Merkur setzen. Er hat sie von dem Mond nicht trennen wollen, mit dem sie ihm noch, was sehr zu beachten ist, in Eine Klasse zu gehören schien — freilich fürs erste ein unübersteigliches Hinderniß für ein richtigeres Weltsystem!

Auch die Abstände der Planeten von ihrem Centralkörper, der Erde, und von einander stellen sich nun bei Pythagoras ganz anders als bei seinem ionischen Vorgänger, der es eben nur wagte, nach Art der Baumrinde, das Himmelsgewölbe in dünne Schichten zu spalten. Der Grund, welcher den Anaximander bestimmte, fällt bei Pythagoras fort, indem dieser von vorn herein freischwebende Gestirne annimmt, die keines Anhaltspunktes bedürfen, so wie denn von der deckenden Himmelsglocke nicht mehr die Rede ist. Somit werden denn die Bahnen von Sonne und Mond um große Intervalle von einander getrennt, und auch die übrigen Planeten rücken in ungleich größere Entfernungen hinaus bis in die Nachbarschaft des in ungemessener Weite befindlichen Fixsternhimmels. Wir finden Zahlenangaben in des Plinius Naturgeschichte erhalten (Lib. II., cap. 19, 20). Es heißt: „Viele haben die Abstände der Sterne von der Erde zu ermitteln gesucht, und dafür gehalten, es sei die Sonne vom Mond um neunzehn Mal so weit entfernt, als der Mond selbst von der Erde; Pythagoras aber, ein Mann scharfsinnigen Geistes, habe den Mond 126,000 Stadien von der Erde gesetzt; von ihm zur Sonne sei das doppelte; von ihr bis zu den zwölf Zeichen (d. h. zum Fixsternhimmel) das Dreifache. Und diese Ansicht fand noch später Anhänger, denn Plinius setzt hinzu: in qua sententia et Gallus Sulpicius noster fuit.

Die übrigen Planeten nun vertheilte Pythagoras, wie uns das Plinius im folgenden Kapitel des näheren angiebt, ganz nach dem Verhältniß der Töne in der Octave, wobei er sich freilich außerhalb aller inductiven Elemente befand.

So kurz, so zerstreut nun diese Angaben sind, so reichen sie doch aus uns ein geschlossenes Bild von der kosmischen Vorstellung des Pythagoras zu geben. Dieselbe tritt uns mit einem wahrhaft großartigen Zusammenhange entgegen, kühn und einfach, so daß eben darum ihr Urheber der Welt den Namen Ordnung, Kosmos, geben konnte: ein Wort, dessen Gebrauch in diesem Sinne dem Pythagoras beigelegt wird.

Die Geheimhaltung seiner Lehre, welche sich sehr wahrscheinlich ganz besonders auf das Astronomische bezog, weil dies am ersten verstieß gegen die durch den Cultus geheiligten Anschauungen, hat uns diese wichtige Kunde nicht zu entziehen vermocht, noch auch hat die Gewohnheit der Schule, alle späteren Lehren auf den Meister zu beziehen, hier, wie zu befürchten stand, Verwirrung hervorbringen können. Gerade hier sind die Lehren der Pythagoreer glücklicherweise sehr bestimmt zu unterscheiden von denen des Pythagoras.

V.

Zum Theil sehr abweichende Vorstellungen finden sich bei den Schülern. Eine innere Nothwendigkeit zwang sie, auf der betretenen Bahn vorwärts zu gehen und selbst gewagte Annahmen nicht zu scheuen.

Die Philosophie des Pythagoras wollte die Welt angeschaut wissen als Weltordnung: nach mathematischen Gesetzen, nach einem durchgreifenden Ebenmaaß, nach einer allgemeinen Vernunft sollte die Einrichtung des Weltgebäudes bestehen, seine Bewegung erfolgen. Dieser Anspruch blieb aber noch unerreicht, manches Unharmonische machte sich fühlbar.

Die Erde war erkannt worden als einer der Planeten, und nicht der größte: was sollte ihr den Vorrang geben der Centralkörper des Systems zu sein? Dieser Platz schien einem anderen Körper zu gehören, der in Beziehung auf Größe und Function bessere Ansprüche hatte, die Mitte und den Kern des Ganzen zu bilden.

Man hatte sich die Abstände der Planeten harmonisch zurecht gelegt und verlangte für sie nun auch verhältnißmäßige Umlaufszeiten; je entfernter, je größer die Bahn, um so mehr Zeit schienen sie haben zu müssen. Vor allem aber war es auffallend, daß der Firsternhimmel, der in unendliche Ferne zurücktrat, den längsten Weg in der kürzesten Zeit, innerhalb nur Eines Tages und Einer Nacht zurücklegen sollte. Hier fehlte also noch viel an der abgeschlossenen Harmonie des Kosmos und es lagen darin starke Beweggründe, das System des Pythagoras zu vervollständigen oder auch zu modificiren.

In der That hat die zweite oder dritte Generation der Pythagoreer überwiegend einem kosmischen System gehuldigt, das wesentlich von dem des Meisters verschieden ist. Scheint es doch als ob die von Pythagoras angenommene Weltordnung in der Schule alle Geltung verloren, was viel sagen will, wenn man dessen imposante Autorität erwägt.

Wenn wir die beste uns zu Gebot stehende Quelle, nämlich die Angaben des Aristoteles befragen, so geht daraus unzweideutig hervor, daß die allgemeine und charakteristische Lehre der Pythagoreer vom Kosmos im Centralfeuer liegt und daß die Verschiedenheiten, welche er uns über ihre Ansichten vom Weltbau meldet, doch innerhalb dieser Lehre bestehen. So zeigt sich's namentlich an der Hauptstelle im zweiten Buch der Schrift über den Himmel, zu Anfange des 13 Capitels.

Es scheint von Wichtigkeit hier gleich von vorn herein darauf aufmerksam zu machen, daß wir es mit einer allgemeinen Lehre zu thun haben, nicht mit der einem einzelnen Pythagoreer angehörigen. Finden wir diese Lehre in den Nachrichten über Philolaus und in seinen Fragmenten, so dürfen wir uns nicht darauf beschränken, vielmehr ist die specielle Färbung, welche dieselbe hier erhält, noch sehr unterschieden von ihrem eigentlichen Kern und Wesen. Nur mit diesem Vorbehalt kann hier von dem Weltsystem des Philolaus die Rede sein.

Zunächst berühren wir die Schicksale dieser Lehre. Das System des Philolaus hat das Glück gehabt für das des Copernicus gehalten zu werden, von Stanley, von Bullialdus und Brucker, von Montucla und Bailly, von den französischen Encyklopädisten, und, was das merkwürdigste ist, von Copernicus selbst. Dieser bezieht sich in dem Brief an Pabst Paul III, welcher seinem berühmten Werk de Revolutionibus orbium coelestium als Einleitung dient, auf eine Stelle des Cicero, in welcher davon die Rede ist, daß ein Syracusaner die Achsendrehung der Erde behauptet habe, und ganz besonders auf eine Stelle des Plutarch (Plac. philos. III, 13), nach welcher der Pythagoreer Philolaus die planetarische Bewegung der Erde, dagegen Heraclides von Pontus und Ekphantus ihre Achsendrehung lehren; worauf er fortfährt mit den Worten: Inde igitur occasionem nactus, coepi et ego de terrae mobilitate cogitare.

Eine andere Schrift des Alterthums, in welcher mit Bestimmtheit das heliocentrische System gelehrt, oder daß es gelehrt worden, berichtet wird, der Psammites des Archimedes, blieb dem Copernicus unbekannt: diese Schrift erschien zum ersten mal einige Jahre nach dem Tode des Begründers der neuern Astronomie — worin eine eigenthümliche Fügung liegt.

Dietrich Tiedemann *) ist der erste, der weitläuftig und mit richtiger Argumentation aus der Ausdrucksweise des Aristoteles die Folgerung zieht, es müsse das pythago-

*) Griechenlands erste Philosophen S. 448.

reische Centralfeuer von der Sonne verschieden sein. Mit noch mehr Bestimmtheit hat dann *Ludwig Ideler* *) sich *dagegen* erklärt, in der Lehre des Philolaus das System zu erkennen, welches die Sonne zum Mittelpunkt des Planetensystems macht. Es ist dies in der That auch ganz unmöglich, wenn man nicht das klare und direkte Zeugniß des Stobäus verwerfen will, welcher meldet, daß nach Philolaus *die Sonne selbst eine planetarische Bahn beschreibe*. Es folgt also unmittelbar, daß das Centralfeuer, *μέσον πῦρ*, *Ἑστία*, des Philolaus und anderer Pythagoreer ein *besonderer Himmelskörper* sein müsse, jedenfalls ein anderer als die Sonne. Um keinen Zweifel übrig zu lassen, so giebt Stobäus noch an, daß nach der Lehre des Philolaus die Sonne ein glasartiger Körper sei, der *kein eigenes Licht* besitze, sondern selbst erst von dem Centralfeuer erleuchtet werde. Also nur Unkenntniß dieser Zeugnisse konnte die Meinung aufkommen lassen, daß in dem System des Philolaus sich das des Copernicus wiederfinde, und Copernicus hätte demnach nicht nöthig gehabt, den großen Gedanken mit jenem zu theilen.

Ideler dagegen bemüht sich wenig um die kosmische Theorie des Philolaus und traut geradehin derselben Klarheit und Zusammenhang nicht zu. Genauer ist die Sache von Boeckh ins Auge gefaßt worden, allein nicht in seiner Schrift über Philolaus. Hier finden wir in Beziehung auf die astronomischen Lehren des Pythagoreers eine Lücke, und werden verwiesen auf eine frühere kleine Abhandlung des

*) Ueber das Verhältniß des Copernicus zum Alterthum in Wolfs und Buttmanns Museum der Alterthumswissenschaften Bd. II.

Gelehrten, *) die aber eine Gelegenheitsschrift ist, und als solche wenig Verbreitung hat finden können.

So kommt es denn, daß man noch immer geneigt ist, mit Ideler, die ganze Lehre der Pythagoreer vom Centralfeuer für ein Wahngebilde zu halten, das im offenbarsten Widerspruch mit den Erscheinungen stehe, und auch in sich selbst des Sinnes und Zusammenhangs entbehre. Dem ist nicht so; es wird sich vielmehr zeigen, daß diese Vorstellung zwar eine sehr gewagte, aber dennoch sinnreiche sei, daß sie einen bestimmten, im Zusammenhange des Fortschritts sehr wohl gerechtfertigten und nicht zu überspringenden Standpunkt bezeichne.

Wir lassen nun für's erste den Philolaus, und betrachten die Sache vielmehr in ihrer Allgemeinheit.

Der Erde, welche schon Pythagoras für eine freischwebende Kugel hielt, nun auch eine fortschreitende, planetarische Bewegung zu geben, ist jedenfalls ein Gedanke, der bewundert werden muß, wo er zuerst vorkommt, abgesehen von allen Irrthümern, womit er sonst etwa noch verbunden sein könnte. Diese Bewegung aber muß, nach aller Analogie, eine Kreisbewegung sein, und letztere wieder muß ein Centrum haben. Nun ist es viel kürzer und einfacher ein ideales Centrum zu nehmen, als einen von den Himmelskörpern, welche nach der frühern Vorstellung die Erde umkreisen, aus seiner Rolle herauszureißen und zu diesem Herrschersitz zu erheben. Es war leichter einen neuen Stern als Centrum einzuführen, als zugleich einen Planeten

*) De Platonico systemate coelestium globorum et de vera indole astronomiae Philolaicae. Heidelb. 1810.

seiner bisherigen Function zu entkleiden; an die Sonne aber dachte man um so weniger, als sie vom Monde nicht getrennt werden zu können schien, mit dem sie, wegen der Beziehung auf das Licht, auf die ungefähr gleiche scheinbare Größe und auf einen gewissen Rollentausch, gleichsam durch ein eheliches oder geschwisterliches Band verbunden zu sein schien.

Es fragt sich nur, ob es möglich sei, ein solches ideales Centrum der Welt anzunehmen, ohne völlig zu verstoßen gegen Vernunft und Erfahrung. Man hat allerdings geglaubt, daß die Annahme des Centralfeuers ein purer Widersinn sei, weil die Frage: wo ist es denn? unbeantwortet bleiben müsse. Ideler sagt: „Warum wir das Weltfeuer selbst nicht sehen, da es doch die gläserne Sonnenscheibe zu erleuchten vermag, müssen wir nicht weiter fragen". Aber allerdings dürfen wir so fragen, denn es giebt darauf eine vollständige Antwort, eine wohl begründete. Man muß sich nur den Standpunkt der Zeit recht klar machen.

Zuerst muß wohl ins Auge gefaßt werden, daß man damals die Achsendrehung der Erde nicht besaß. Aristoteles trennt an jener klassischen Stelle die Achsendrehung ausdrücklich von der Lehre der Pythagoreer, denen er das Centralfeuer, und nur dies, beimißt.

Wenn nun die Erde nicht rotirt, so kehrt sie stets dieselbe Seite dem Centralfeuer zu und niemals kann auf der entgegengesetzten dies sichtbar werden. Nach dieser pythagoreischen Vorstellung verhält sich also die Erde ganz ebenso zum Centralfeuer, wie sich der Mond zur Erde verhält. Es ist bekannt, daß der Mond uns beständig dieselbe Seite zukehrt, daß er überhaupt in Beziehung auf die Erde seine Stellung nicht verändert. Dieser Vergleich dient nicht nur zur Verdeutlichung jener Weltanschauung, sondern er hat offenbar auch ursprünglich mitgewirkt sie herbeizuführen.

Daß der Mond keine Achsendrehung in Beziehung zur Erde hat, daß er uns immer dieselbe Seite zeigt, das konnte auch schon der Beobachtung des unbewaffneten Auges nicht entgehen. Die Alten halten in frühester Zeit den Mond für eine Scheibe; dann als sie sich von seiner Kugelgestalt überzeugen, sprechen sie von Gebirgen und erkennen in den beschatteten Vertiefungen ein menschliches Angesicht mit Lippen, Augen. „Das Gesicht im Monde (πρόσωπον)" so nannte Plutarch eine seiner geistreichsten und werthvollsten Schriften. Gewiß sind alles das Vorstellungen, welche eine Rotation des Mondes ausschließen; man hat an eine solche nie gedacht, nach einer solchen nie gefragt, weil eben der unmittelbare Augenschein die Sache entschied.

Nun ist es aber immer der Mond, welcher die nächste Richtschnur für den Planeten Erde hergeben mußte, als ihr nächster Nachbar. So oft es sich handelt um die planetarische Natur der Erde, muß er entscheiden; an ihm schien diese planetarische Natur am meisten ausgeprägt, er war überdies der Beobachtung am zugänglichsten.

Wenn wir bisher den Mond als den großen Lehrmeister für die kosmischen Systeme erkannten, so kommen wir jetzt an einen Punkt, wo er zwar auch noch ebenso den Ausschlag giebt, aber nicht fördernd, sondern hemmend, denn er wird nun das hauptsächliche Hinderniß für die Annahme der Achsendrehung der Erde, so daß man lieber zu den schwierigsten Theorieen greift, um nur für die Erde die Analogie mit dem Verhalten des Mondes nicht zu verlieren.

Der zweite Punkt von gleicher Wichtigkeit, welcher nach derselben Richtung hin wirkte, liegt in dem Umstand, daß man damals nur die Eine Hemisphäre kannte. Man wußte, daß die Erde eine Kugel ist, aber wer hat die andere Halbkugel gesehen? Wie ist sie beschaffen?

Begab man sich in der damals allein gekannten Zone gen Norden, so sah man das Klima kälter und winterlicher werden, reiste man gen Mittag, so wurde es heißer, brennender. Wie hätte man glauben sollen, daß hinter der heißen Zone wieder eine gemäßigte, hinter dieser eine zweite kalte folgen würde! Man glaubte es in der That nicht.

Nach der wahrgenommenen Proportion konnte und mußte man sich die andere Halbkugel als die eigentliche Licht- und Feuerseite vorstellen.

Aristoteles giebt uns (l. c) die Angabe, daß die Pythagoreer eine rechte und linke Seite des Himmels unterschieden hätten, und er sucht das Unpassende davon nachzuweisen: es gebe am Himmel kein Rechts und Links, kein Oben und Unten, wie letzteres auch schon von Platon im Timäus bestritten wird. Wenn indessen Aristoteles in seiner Polemik den Unterschied von rechts und links im gewöhnlichen Sinne nimmt, ausgehend von dem Bau des menschlichen Körpers und seiner Stellung auf der Erde, so muß zunächst erinnert werden, daß diese Unterscheidung bei den Pythagoreern einen andern und tieferen Sinn hat. Rechts und links steht in der Tafel der zehn pythagoreischen Systöchien, und ist wie alle übrigen zugleich ein Symbol des Guten und Bösen, des Vollkommenen und Unvollkommenen.

Dies lehren uns auch sehr bestimmt die Commentatoren, Simplicius und Alexander, zu der in Rede stehenden Stelle.

Wir sehen übrigens zugleich aus ihren Worten, daß sie den Unterschied des Rechts und Links unmittelbar verbanden mit dem des Oben und Unten, des Vorn und Hinten. Die rechte Seite sei zugleich die Oberseite, die Vorderseite, die linke dagegen die Unterseite, die Hinterseite. Bei näherer Betrachtung zeigt sich ferner, daß die Pythagoreer diesen Unterschied nicht sowohl vom Himmel, als von der Erde gebraucht zu haben scheinen, denn es ist dabei zugleich die Rede von der Seite, auf welcher wir wohnen — während Aristoteles nur vom Himmel spricht.

Nun haben aber beide, Alexander und Simplicius, den Widerspruch bemerkt zwischen den Aeußerungen des Aristoteles am Ende des Kapitels und seinen Angaben in einer anderen uns leider verlorenen Schrift, welche Aristoteles selbst, (Metaphysik I, 5 und anderswo) citirt, und welche uns hier genannt wird unter dem Titel *Πυθαγορικῶν συναγωγή*, Zusammenstellung von pythagoreischen Lehren, einer umfangreichen Schrift, da Simplicius sich auf das zweite Buch bezieht. Hier in der Schrift über den Himmel (II, 13) wozu eben die Commentare, nennt nämlich Aristoteles den unteren Pol des Himmels den rechten, den obern aber den linken, jenen bezeichnet er als den obern Theil des Himmels, den uns sichtbaren als den unteren; umgekehrt hätten es die Pythagoreer gemacht. Dagegen in jener anderen Schrift stand nach der deutlichen Angabe des Alexander (bei Simplicius zur angeführten Stelle, denn Alexanders Commentar ist leider verloren), daß die Pythagoreer: die rechte Seite des Himmels die obere nennen, die linke aber die untere, und daß **wir auf der unteren wohnen:** ἡμᾶς δὲ ἐν τῷ κάτω. So stand geschrieben, so las Alexander; aber — so wollte er nicht lesen. Er sah den Widerspruch beider Angaben, er war der Meinung, eins müsse falsch sein, eins müsse verschrieben sein (μεταγέγραφθαι), und zwar entschied er sich: die Nachricht in der Sammlung pythagoreischer Lehren für falsch, die Angabe in der Schrift über den Himmel aber für das Richtige zu erklären. Allein er traf fehl; jene ist richtig, diese ist falsch; was er ändern will, muß festgehalten werden, was er festhält, ist zu verwerfen.

Mit der Stelle in der Schrift über den Himmel kann es nicht seine Richtigkeit haben, das hätte man sehen müssen, auch wenn diese Bedenken und Angaben der Commentatoren uns nicht darauf hinwiesen. Es ist sehr sonderbar, daß Aristoteles selbst ein Rechts und Links des Himmels, ein Oben und Unten unterscheiden soll, nachdem er eben gezeigt, wie unpassend eine solche Unterscheidung sei. Es ist aber auch sehr befremdlich, daß er auf seinem Standpunkt den unteren Pol des Himmels für den rechten, unseren sichtbaren für den linken erklären soll — in der That eine eigenthümliche Höflichkeit. Noch befremdlicher der Grund — wenn man das einen Grund nennen kann, was jedenfalls ganz confus ist. Die Abschreiber selbst scheinen das gefühlt zu haben, indem sie durch dreiste Vertauschung von rechts und links zu helfen suchten, so daß jetzt in unserem Text sogar die Rede ist von einer Bewegung von rechts nach — **rechts!** Hier am Schluß des 13. Capitels ist der Fehler, nicht dort in der Zusammenstellung der pythagoreischen Lehren — was hier steht, kann Aristoteles nicht geschrieben haben, es ist Interpolation — ein Fall, der in den Schriften des Aristoteles kein seltener ist, besonders durch Randglossen von gedankenlos beigebrachten Parallelstellen entstanden; hier wahrscheinlich durch verkehrte Auffassung eben der Stelle, von der die Commentatoren uns Nachricht geben, vielleicht noch vermehrt durch ungeschickte Nachhülfe in zweiter Hand. Viele solcher ganz unleugbarer Verderbnisse lassen sich in den Schriften des Aristoteles nachweisen, z. B. zu Anfange des ersten Capitels im ersten Buch der Physik. Die akademische Ausgabe, welche sich nur auf diplomatische Kritik beschränkt, hat alle diese Verderbnisse, die nur durch scharfe Erwägung des Inhalts gefunden werden können, ganz unberücksichtigt gelassen.

Jenes dagegen, was in des Aristoteles Sammlung pythagoreischer Lehren stand, hat um so besseren Zusammenhang in sich selbst und mit der Lehre vom Centralfeuer, in welche es uns in der That einen neuen tieferen Einblick gewährt, so daß es eben darum schon das Richtige sein muß. Die rechte Seite der Erde, denn von dieser ist die Rede, gilt zugleich für die obere, vordere, und sie ist diejenige, auf welcher wir nicht wohnen, wir wohnen vielmehr auf der linken, der unteren, der hinteren.

Und warum ist jenes die rechte, obere, warum wohnen wir dagegen auf der Hinterseite? Was kann hier den Ausschlag geben? Nur das Cenfralfeuer, und nichts anderes. Dies ist die Mitte der Welt, von hier aus wird im Kosmos gerechnet, was sich ihr zukehrt ist die Vorderseite, was sich ihr abkehrt ist die Hinterseite. Die Halbkugel auf der wir wohnen, sieht niemals das Centralfeuer, weil die Erde bei ihrer Laufbahn um dasselbe nicht zugleich auch rotirt: wir wohnen also hinten, unten, *ὄπιϑεν, κάτω*. Von der Erde hat dies einen bestimmten Sinn, nicht aber vom Himmel, denn der ist überall gleich abgekehrt oder auch zugekehrt der Mitte, die Erde in ihrem Umlauf kommt mit ihrer Hinterseite bald gegen den einen Theil, bald gegen den anderen zu stehen: vom Himmel scheinen nun aber die Pythagoreer diesen Ausdruck auch nicht gebraucht zu haben, sondern nur von der Erde: Die Polemik des Aristoteles würde also auch hier ganz fehltreffen, wie meistens, wenn er sie gegen die Pythagoreer kehrt, für deren Philosophie er kein offenes und gerechtes Verständniß hat — weil keine Unbefangenheit.

Diese unsere Auffassung wird nun auch bestätigt durch eine Angabe des Stobäus über die Lehre des Philolaus, (bei Boeckh S. 90): *Ὁ κόσμος εἷς ἐστιν, ἤρξατο δὲ γίγνεσθαι ἄχρι τοῦ μέσου, καὶ ἀπὸ τοῦ μέσου τὰ ἄνω διὰ τῶν αὐτῶν τοῖς κάτω ἐστι τὰ ἄνω τοῦ μέσου ὑπεναντίως κείμενα τοῖς κάτω.* Die letzteren Worte erklärt Boeckh dahin: „es liege das Obere auf der entgegengesetzten Seite des Unteren, von dem mittleren Heerd aus betrachtet". Die Stelle ist schwerlich, wie auch Boeckh vermuthet, ganz heil; aber glücklicherweise ist das für unsere Sache nicht hinderlich, da jedenfalls die Beziehung des oben und unten auf das Centralfeuer bleibt, und nur darauf kommt es an. Es wird dies Oben und Unten, Vorn und Hinten gerechnet vom Centralfeuer aus, *ἀπὸ τοῦ μέσου* — hieraus folgt, daß die dem Centralfeuer zugekehrte Seite die Vorderseite, das Oben sein muß, wir also wohnen unten, *κάτω*, auf der Hinterseite. Dies stimmt vollkommen mit der Angabe in des Aristoteles Zusammenstellung von pythagoreischen Meinungen, welche Alexander ins Gegentheil verändern wollte, um Einklang mit der vermeintlichen Darstellung des Aristoteles im zweiten Buch über den Himmel zu erlangen; welche letztere Stelle nun wohl mit um so weniger Bedenken für apokryph gehalten werden muß. Auch die Worte des Stobäus über Philolaus geben wieder deutlich zu erkennen, daß das oben und unten, rechts und links nicht vom Himmel, sondern von der Erde gesagt sei, denn wenn vom Centralfeuer aus gerechnet werden soll, so ist der kugelförmige, concentrische Himmel an allen seinen Theilen in gleicher Stellung zum Mittelpunkt. Boeckh hat die einfachen Consequenzen dieser Stelle nicht gezogen, glaubt (S. 92) die Stelle des Aristoteles (de coelo II, 2) ganz in Ordnung, und hat die Bedenken des Simplicius und Alexander nicht berücksichtigt — welche uns doch vielleicht erst den wahren Aufschluß über die Lehre vom Centralfeuer an die Hand geben möchten. Er giebt nach jener Stelle des Aristoteles den Pythagoreern die Meinung, daß unsere Halbkugel die obere sei, während Aristoteles sie für die untere erklären soll. Beides ist gleich unbegreiflich. Nein, nach den Pythagoreern wohnen wir auf der unteren Seite, wie es auch in der pythagoreischen Sammlung des Aristoteles stand; auf der unteren Seite nämlich, weil wir das Centralfeuer nicht sehen, weil aber von diesem Centralfeuer aus gerechnet wird.

Wenn es noch einer ferneren Bestätigung bedarf, so findet sich diese in der Lehre des Empedokles, der auch eine rechte und linke Seite, ein Oben und Unten mit den Pythagoreern unterscheidet. Das Rechts ist zugleich oben — aber dieses oben ist auch bei ihm jenseits auf der anderen Halbkugel, so daß wir auf der unteren und linken wohnen.

Nunmehr erst läßt sich weiter gehen in der Beleuchtung dieser so eigenthümlichen Lehre. Die Erde umkreist das

Centralfeuer: es entsteht hier die wichtige Frage: innerhalb welcher Zeit? Denn daraus geht erst der Sinn hervor, welchen diese Bewegung haben sollte. Ohne Zweifel hatten die Pythagoreer keine andere Umlaufszeit der Erde, als die tägliche, innerhalb vier und zwanzig Stunden. Dies erhellt aus den Worten des Aristoteles (de coelo II, 13), denn er sagt: „Die Erde als ein Stern kreist um das Centralfeuer und bringt dadurch Tag und Nacht hervor: τὴν δὲ γῆν, ἓν τῶν ἄστρων οὖσαν, κύκλῳ φερομένην περὶ τὸ μέσον νύκτα τε καὶ ἡμέραν ποιεῖν. In demselben Sinne äußert sich Simplicius zu dieser Stelle: „Sie nannten die Erde ein Gestirn, und ein Organ der Zeit, denn sie ist die Ursache von Tag und Nacht: ἡμέρων γάρ ἐστιν αὐτὴ καὶ νυκτῶν αἰτία *) und: es geschehe dies durch die Stellung zur Sonne: κατὰ τὴν πρὸς τὸν ἥλιον σχέσιν. Es erhellt hieraus, daß, obwohl wir eine im Raum fortschreitende Bewegung haben, die man darum eine planetarische nennen kann, doch diese Bewegung in der Kreisbahn keins von den astronomischen Phänomenen erklärt, welche heutigestags erkannt werden als Folge der planetarischen Bewegung unseres Weltkörpers. Nicht die Jahreszeiten, nicht den Lauf der Sonne durch den Thierkreis konnten jene Pythagoreer mit dem Umlauf der Erde um das Centralfeuer erklären wollen, sondern nur die tägliche Umdrehung

*) Eine Notiz, welche übrigens bei der Frage, ob im platonischen Timäus die Achsendrehung der Erde gelehrt werde, in Betracht kommen darf, da sich hier andeutet, daß der Ausdruck ὄργανον χρόνου ein pythagoreischer sein möchte, und von der Bewegung der Erde gemeint, sei es nun der planetarischen oder rotirenden, was Simplicius überdies leicht verwechseln kann.

des Fixsternhimmels, also eben das Phänomen, was viel einfacher und einzig richtig erklärt wird durch die Achsendrehung. In Beziehung auf das Centralfeuer hat die Erde keine Achsendrehung, wohl aber hat sie eine in Beziehung auf das Weltall und namentlich auch auf die Sonne. Es ist dasselbe Verhältniß wie zwischen Mond und Erde nach unserer heutigen Ansicht, wo denn wohl gestritten worden ist, ob der Mond eine Achsendrehung habe oder nicht. Diese Frage läßt sich nicht an und für sich für den Mond beantworten, sondern nur beziehungsweise auf die Erde und die Sonne, oder den gesammten Himmel. In Beziehung auf die Erde hat der Mond keine Achsendrehung, weil er ihr immer dieselbe Seite zukehrt, wohl aber in Beziehung auf die Sonne, wie dies auch schon die Lichtphasen deutlich aussprechen. So macht nun auch bei den Pythagoreern die Erde, während sie um das Centralfeuer kreist, in Beziehung auf den Fixsternhimmel und die nur langsam fortschreitende Sonne eine Achsendrehung, und durch diese eben wollte man sich den Wechsel von Tag und Nacht erklären.

Und nun kommen wir auf den wichtigsten Punkt der neuen Lehre. Wenn der eigentliche Sinn des planetarischen Umlaufs der Erde um das Centralfeuer innerhalb 24 Stunden nur der ist, ein Surrogat für die Achsendrehung zu sein, so folgt daraus auch unmittelbar, daß mit dieser Lehre die große Lehre von dem Stillstand des Fixsternhimmels verbunden gewesen sein müsse. Dies ist der Gedanke, der kühne Gedanke, jenes nur das Mittel ihn hervorzubringen, und noch nicht das rechte. Es schien jedenfalls schon ein großer Gewinn, daß man die Erde, welche in dem System der nächste Planet am Centralfeuer ist, in 24 Stunden ihren Umlauf vollbringen ließ, während man davon befreit wurde den Fixsternhimmel in derselben Zeit einen unendlich größeren Weg durchmessen zu lassen. Es mußte dies als ein großer Gewinn an Vernunft, an Planmäßigkeit und sinnvoller Oekonomie erscheinen. Hiedurch bekommt erst die Lehre vom Centralfeuer ihre wahre Bedeutung, wir sehen jetzt, was eigentlich gewollt wurde, und welche große und richtige Intention es war, die zu einer so gewagten Annahme hintrieb, als der Umlauf der Erde um ein unsichtbares Gestirn ist. Erst später lernte man, daß sich dies einfacher erreichen läßt; aber freilich für die Achsendrehung eines Planeten gab es keine Analogie, der Mond sprach dagegen.

Die Sonne erscheint nun, wie es wohl kaum eines Beweises bedarf, in diesem System des Centralfeuers als Planet, oder vielmehr: sie hat noch nicht aufgehört es zu sein. Wenn nun die Erde einen planetarischen Umlauf von 24 Stunden vollbringt, so ist klar, daß man der Sonne als Planet eine Umlaufszeit von einem Jahr beilegen mußte, denn ihre Bewegung durch den Thierkreis erschien nun als ihre wirkliche planetarische Bahn, während ihr täglicher Auf- und Untergang als scheinbare Bewegung durch den eigenthümlichen Umlauf der Erde sich erklären sollte. So schien sich die Sache einfach zurecht zu legen.

So weit nun ist in dem System des Centralfeuers eine klare Intention, welche denn auch allein eine so gewagte Annahme rechtfertigen konnte. Wenn dagegen Aristoteles an der öfters angeführten Stelle und ähnlich in der Metaphysik (I, 3) eine andere Lehre unmittelbar hineinzieht, so ist es die Aufgabe beides sorgfältig auseinander zu halten.

Aristoteles ist hier nicht unbefangen und gerecht, seine Abneigung gegen die Pythagoreer, die sich allerorten zeigt, verleitet ihn hier die ursprüngliche großartige Intention mit ihrer ins Aeußerliche sich verlierenden Ausartung zusammen zu werfen.

Es betrifft dies die Lehre von der Gegenerde, die von dem wissenschaftlichen Kern der Lehre vom Centralfeuer nicht nur getrennt werden kann, sondern auch getrennt werden muß, weil sie derselben in ihrem innersten Wesen geradezu widerspricht.

Hören wir erst den Aristoteles. Er sagt in der Schrift über den Himmel: „Auch nehmen sie (die Pythagoreer) eine andere, der unsrigen entgegengesetzte Erde an, die sie Gegenerde (*ἀντίχθων*) nennen, indem sie nicht die Ursachen der Erscheinungen erforschen, sondern die Erscheinungen ihren Meinungen und Phantasieen mit Gewalt anpassen, und gleichsam dem Weltschöpfer ins Handwerk fallen“ — *πρός τινας λόγους καὶ δόξας τὰ φαινόμενα προσέλκοντες πειρώμενοι σογκοσμεῖν.* Und in der Metaphysik: „Die sogenannten Pythagoreer, die sich zuerst mit mathematischen Untersuchungen beschäftigt haben, sagen, der Himmel sei Harmonie und Zahl. — Wenn sie nun irgendwo eine Lücke in den Zahlenverhältnissen der Dinge finden, so füllen sie dieselbe aus, um ein vollständiges System zu erhalten. Da die Zehnzahl z. B. eine vollkommene Zahl ist, und die ganze Natur der Zahlen in sich begreifen soll, so behaupten sie, daß der Körper, die am Himmel sich bewegen, zehn sein müssen; da aber nur neun sichtbar sind, so machen sie die Gegenerde zum zehnten.“

Es werden hier also die Pythagoreer beschuldigt, daß sie der Zehnzahl zu Liebe und nur deßhalb einen neuen

Planeten, und zwar einen unsichtbaren, eingeführt. Damit hat es auch ohne Zweifel seine Richtigkeit; es fragt sich nur, ob dies von denselben geschehen sein könne, welche zuerst auf das Centralfeuer verfielen. So scheint Aristoteles es an dem ersten Ort darstellen zu wollen; ich muß es leugnen, im Interesse jener denkenden Männer und der Sache.

Sie wollten wirklich ein Phänomen damit erklären, die Vernunft befreien von einer unerträglichen Schwierigkeit, dem Umschwung des Fixsternhimmels in vier und zwanzig Stunden; Aristoteles thut ihnen hier ein schweres Unrecht. Ganz anders jene, welche die Antichthon erfanden; sie standen nicht einer Naturerscheinung gegenüber, am wenigsten einer so gewaltigen, die eben darum auch ein kühneres Heilmittel rechtfertigen konnte, sie handelten nur der äußeren Zahlensymmetrie zu Liebe, so wie denn überhaupt die späteren Pythagoreer ganz in diesen leeren Formalismus verfallen waren, über welchen Aristoteles so gern spöttelt *).

Aber noch mehr. Zehn Planeten sollten es sein: wie nun diese aufbringen? Pythagoras hatte nur sieben gehabt: Sonne und Mond, Merkur, Venus, Mars, Jupiter, Saturn. Durch die Lehre vom Centralfeuer trat nun die Erde hinzu, so waren's ihrer acht; man hätte also noch zwei hinzu erfinden müssen, und doch lesen wir nur von Einer Gegenerde. Allein als Planet mußte nun der Fixsternhimmel figuriren, und das ist es eben, wovon man mit aller Bestimmtheit sagen kann, daß es der ursprünglichen Intention widerspricht. Daß die Bekenner der Antichthon wirklich so lehrten, liegt in der Sache selbst und wird durch

*) Man vergleiche meine Schrift über die Fragmente des Archytas.

das Zeugniß des Stobäus (p. 488) außer Zweifel gesetzt, welcher uns von Philolaus ganz deutlich angiebt, er habe das Centralfeuer in der Mitte und lasse um dieses (es wird also nicht mitgezählt,) zehn göttliche Körper kreisen, ihren Reigentanz halten; er zählt nun diese Himmelskörper von außen her und nennt zuerst den Fixsternhimmel — περὶ δὲ τοῦτο δέκα σώματα θεῖα χορεύειν· οὐρανόν, πλανήτας, μεθ' οὓς ἥλιον, ὑφ' ᾧ σελήνην, ὑφ' ᾗ τὴν γῆν, ὑφ' ᾗ τὴν ἀντίχθονα. Hiermit völlig in Einklang ist der Ausdruck des Aristoteles (Mat. I, 4) καὶ τα φερόμενα κατὰ τὸν οὐρανόν δέκα μὲν εἶναι φασιν.

Auch dem Himmel ist hier eine Bewegung, ein planetarischer Umlauf beigemessen, und in der That, nur wenn man ihn als Einheit nahm, konnte er mit unter den bewegten Himmelskörpern zählen. Für den Denkenden und der Erscheinung Kundigen hat diese Bewegung des Fixsternhimmels freilich in dem System ihre großen Schwierigkeiten, denn entweder muß es diejenige sein, welche innerhalb vier und zwanzig Stunden erfolgt, alsdann aber fällt aller Grund für den gleichzeitigen planetarischen Umlauf der Erde fort; oder die jährliche; alsdann fehlt aber eine Umlaufszeit für den Planeten Sonne. Der Unkundige mochte mit einer eigenthümlichen Unklarheit vielleicht vorzugsweise an den Thierkreis denken, der als Kreis eher den planetarischen Kreisbahnen analog scheinen konute. In solchem Sinne kommen bei Plinius (Hist. Nat. II, 19) die duodecim signa vor von Pythagoras. Er konnte diesem leicht beilegen, was späteren gehörte.

Nun ist aber klar, daß die ursprüngliche Lehre des Centralfeuers eben auf dem Stillstand des Fixsternhimmels beruht, und auf seinem Gegensatz gegen die Planeten, daß man ohnedies ihn sich offen und unendlich, als unendlichen Aether, ἄπειρος αἰθήρ dachte, (s. weiter unten). Hiedurch glaube ich denn in der That den Beweis für den nicht unerheblichen Satz geführt zu haben, daß wir zwei ganz verschiedene Lehren vom Centralfeuer auseinander halten müssen, von denen die eine ursprünglich und gedacht, von der Erscheinung ausgehend und zugleich auf einer tiefen Speculation beruhend ist, die andere aber leer und äußerlich, aus Mißverständniß hervorgegangen und auf Widersinn hinauslaufend.

Unter diesem Gesichtspunkt nun ist die Lehre von der Gegenerde noch etwas näher zu beleuchten.

Galt einmal das Dasein noch eines Planeten für das Ebenmaaß und die Abgeschlossenheit des Ganzen nach der Zahl für erforderlich, alsdann in der That konnte derselbe nur auf solchem Wege gewonnen werden, wie wir es finden. Aus demselben Grunde, weshalb wir das Centralfeuer nicht sehen, weil wir nämlich die abgekehrte Seite der Erde bewohnen und der Erdkörper selbst es uns verdeckt, konnte möglicherweise auch ein Planet uns unsichtbar bleiben, der in dieser Richtung diesseits, oder vielleicht jenseits des Centralfeuers in der nämlichen Umlaufszeit wie die Erde dasselbe umkreis'te. Für letzteres spricht der Ausdruck des Alexander ἀντικινεῖσθαι — Schol. ed. Brand. p. 542. b. 3. und bei Aristoteles selbst (II, 13) ἐναντία ἄλλη. Nimmt man sie aber diesseits des Centralfeuers an, alsdann muß sie ein näherer und zwar der nächste Planet sein; in keinem Fall aber darf man sie zu nahe an die Erde heranrücken, weil nach pythagoreischer Vorstellung die

Planeten eben gewisse harmonische Abstände zu beobachten haben.

Anderseits scheint es, als ob man sich diese Gegenerde aus der andern unbekannten Halbkugel durch Mißverständniß herausgebildet. Man macht aus ihr einen selbständigen Körper, der als ein besonderer Planet zählen sollte; es versteht sich also, daß die Antichthon eben so gut kugelförmig sein muß als die Erde; ein mittleres, wie Brandis will, giebt es nicht. Dieser definirt nämlich die Gegenerde als „die von unserer Hemisphäre abgelöste und stets ihr parallel sich bewegende entgegengesetzte Halbkugel". Handb. d. Gesch. d. G. R. Ph. S. 477.

Immer bleibt diese Lehre von der Gegenerde noch seltsam genug und in der That nur Ein Umstand scheint es zu sein, der die Willkühr der Erfindung mildert. Nach ihrem durchgängigen Sinn verlangt allerdings die Philosophie der Pythagoreer überall Begrenzung nach der Zahl, denn diese allein schloß den Zufall aus und war der Repräsentant eines tiefen Naturgesetzes. Dies war bei Pythagoras selbst der Fall, denn seine sieben Planeten entsprechen den sieben Tönen der Octave (Plin. Hist. Nat. II, 20); die ursprünglichen Lehrer des Centralfeuers wurden dagegen unvermeidlich auf die Achtzahl der Planeten geführt, und diese war ein Unbegrenztes, bei dem man nicht stehen bleiben konnte. Bei dem Uebergewicht, das die heilige Zehnzahl (τετρακτύς) hatte, lag nun am nächsten bis zu dieser fortzuschreiten. Es schien möglich, wenn auch nicht ohne Gewalt.

Erst jetzt dürfen wir einen Blick auf Philolaus werfen. Wir finden bei ihm das Centralfeuer, aber gewiß ist er nicht der Erfinder dieses Systems, so wie denn auch

Aristoteles, der ihn sonst einigemal genannt, hier seiner nicht gedenkt; eben so wenig die Commentatoren. Philolaus hat die Gegenerde, er gehört also zur Klasse derjenigen Pythagoreer, welche mit derselben der Zehnzahl einen Tribut bringen zu müssen glaubten. Daß er den ursprünglichen Gedanken des Systems bereits nicht mehr besaß, beweist der schon berührte Umstand, daß er, nach der Angabe des Stobäus, auch den Firsternhimmel sich drehen ließ. Aber auch in jener zweiten Klasse scheint er keinen besonderen Rang einzunehmen, das beweisen die speciellen Angaben, die uns über seine Lehre vom Kosmos erhalten sind.

Die Sonne, welche in dem System kein eigenes Licht hat, sondern dasselbe vom Centralfeuer empfängt, ist dem Philolaus nach Plutarch und Stobäus (Eclog. p. 530) eine glasartige Scheibe, *δίσκος ὑαλοειδής* — als solche schien sie freilich das Licht jenes unsichtbaren Feuers um so besser spiegeln zu können, zumal gleichzeitig auf ihrer ganzen Fläche; allein auf der anderen Seite, welch' ein Rückschritt gegen die ursprüngliche Lehre von den kugelförmigen Himmelskörpern, deren jeder seine Atmosphäre hat und seine Welt für sich bildet (Plac. philos. II, 13). Wir dürfen hier aber um so weniger zu Gunsten des Philolaus ein Mißverständniß der späteren Ueberlieferer annehmen, als wir bei Stobäus (Eclog. phys. p. 526) dicht neben einander lesen, Alkmäon habe die Sonne flach (*πλατύν*) angenommen, also eben wie Anaximenes, und: „die Pythagoreer halten die Sonne für kugelförmig". Aristoteles stellt uns (Met. I, 4) diesen Alkmäon als einen späteren abgearteten Pythagoreer dar, und mit ihm würde also Philolaus hier in Eine Klasse fallen.

In der That nehme ich hier keinen Anstand auszusprechen, es sei ein genaues Verständniß der kosmischen Lehre des Philolaus nur dann möglich, wenn wir darin eine solche Ausartung, ein Abirren vom ursprünglichen Gedanken, ja geradezu eine Vermischung mit entgegengesetzten Vorstellungen annehmen. Boeckh hat in seiner öfters genannten Dissertation vom Jahr 1810 den besonderen Planeten Antichthon dem Philolaus absprechen wollen, und vielmehr angenommen, auch er habe darunter nur die andere Halbkugel, terra antipodum, verstanden. Allein alsdann verliert er ja die Zehnzahl. Der Forscher sah es wohl und suchte sich zu helfen: Sed potuit terra pro binis numerari, etsi antichthona cum tellure cohaerentem finxerit. Nein, so ist es nicht, so kann es nicht sein. Philolaus hat die Antichthon nicht mit der Erde verbunden, sie ist ein besonderer Planet in der Reihe der Planeten, in harmonischem Abstande. Dagegen hat das System des Centralfeuers ursprünglich diesen besondern Planeten nicht gekannt, sondern hat nur eine Feuerseite der Erde, der die Hestia leuchtet, während wir im Schatten wohnen. So hätte denn doch zuletzt Ideler Recht, wenn er meinte, es sei dem System des Philolaus keine klare Vorstellung abzugewinnen, denn Boeckh hat bei bestem Willen und selbst mit einigem Zwang dieselbe nicht herzustellen vermocht. Aber wenn Ideler auch Recht behält in Beziehung auf Philolaus, so gilt dies nicht von der Lehre des Centralfeuers, in der auch er gewiß Vernunft, Zusammenhang, ja Nothwendigkeit anerkannt haben würde, wenn er nur selbst einen anderen Zugang zu ihr gesucht hätte, als uns durch Philolaus geboten wird.

Philolaus scheint nicht einmal der Erfinder des Systems

der zehn Planeten zu sein, geschweige denn der ursprünglichen gedankenvollen Lehre vom Centralfeuer. Für diese fehlt uns ein Name, denn Aristoteles spricht immer nur ganz allgemein. Falls daran gelegen ist und man der Vermuthung Raum geben will, ließe sich allerdings aus der Zahl der älteren Pythagoreer ein Name finden, der einigen Anspruch hätte für den Urheber dieser denkwürdigen Lehre zu gelten. Das ist Hippasus von Metapont. Von ihm meldet uns Aristoteles (Met. I, 3), daß er gleich Heraclit das Feuer für das vornehmste Element erklärt habe, womit er aber als Pythagoreer noch einen anderen Sinn verbunden haben mußte als der ionische Philosoph. Da nun Aristoteles bei Gelegenheit der Lehre vom Centralfeuer (de coelo II, 13) auch vom Feuer als dem vornehmsten (τιμιώτατον) spricht, so ließe sich beides wohl ohne Zwang verbinden. Nach Demetrius beim Diogenes hinterließ Hippasus keine Schriften; um so mehr konnte diese Lehre gleichzeitig bei seinen zerstreuten Schülern hervortreten und als eine allgemeine sich darstellen.

Fassen wir nun zusammen, so zeigt sich, daß die Lehre vom Centralfeuer zwei Seiten hat, eine mehr ideale und eine mehr reale. Jenes betrifft den Punkt, daß das Feuer, als das vorzüglichste Element die Mitte einnimmt, und daß dadurch gleichsam eine wohlfeilere Oeconomie des Weltgebäudes hinsichtlich der Erwärmung und Erleuchtung gewonnen zu werden schien. Es giebt eine einzige Originalquelle der Wärme und des Lichtes und diese befindet sich im Mittelpunkt, denn die Sonne selbst hat nur ein erborgtes Licht. Auch Anaximander und Heraclit hatten etwas Aehnliches für die Weltöconomie gewollt, das Feuer sollte den Einen Pol der

Welt einnehmen, sie setzten es an die Peripherie, die Pythagoreer dagegen in das Centrum der Welt, von wo aus jener Zweck offenbar viel vollständiger nnd einfacher erreicht wird. Nicht uninteressant ist es hier an die Betrachtung zurück zu denken, welche auch den Copernikus leitete, wenn er sagt: Quis enim in hoc pulcherrimo templo lampadem hanc in alio vel meliori loco poneret, quam unde totum simul possit illuminari. Die Pythagoreer wagten nur noch nicht dies von der Sonne zu denken, weil sie durchaus mit dem Mond in eine Klasse zu gehören schien, dessen Bahn die ihrige auch immer noch am nächsten bleibt, so daß sie hier sogar vor die Planeten gesetzt wird, während doch Anaximander sie schon von diesen getrennt außerhalb des Fixsternhimmels gesetzt hatte.

Was nun die andre Seite anlangt, nämlich die Anlehnung dieser Theorie an die Erscheinung, so ist es hauptsächlich Tag und Nacht, was sie erklären soll. Sie thut dies durch die der Erde beigelegte planetarische Bewegung ohne Rotation; allein es ist gezeigt worden, daß doch nur die verhüllt enthaltene Rotation der Erde in Beziehung auf den Fixsternhimmel und dadurch auch auf die Sonne die Erklärung des Phänomens hergiebt — welche natürlich viel einfacher und besser erfolgt durch die wahre Rotation der Erde. In dieser Rücksicht ist also diese Vorstellung nur ein Surrogat, nur ein Vorläufer, und was sehr zu beachten, sie ist eben so gut die Vorstufe für die Achsendrehung als für die planetarische Bewegung — sie ist keins von beiden, schließt aber für beides die Vorbereitung in sich.

Das Planetensystem erhielt hiedurch eine neue Ausbilbung und Befestigung. Mit mehr Recht als früher erschien die Sonne als Planet, mit der Umlaufszeit eines Jahres; die Planeten traten weit auseinander, es dehnte sich das System weit hinaus gegen den Firsternhimmel, denn in der ursprünglichen Lehre reihte dieser sich nicht ein in die Proportion der Planetenabstände; man erkannte ihn als unendlich. Die Stelle in den Placitis philos. *), welche uns dies zu erkennen giebt, erhält zugleich die wichtige Angabe, daß die Pythagoreer jeden Planeten mit einer Atmosphäre umgeben und ihn als ein kleineres Weltganze ansehen, so daß also die Welt gegen früher um das acht- oder neunfache vermehrt war. Dies war die Folge davon, daß nun die Erde zum ersten Mal als Planet erschien, nicht nur freischwebend, wie schon früher, sondern auch mit planetarischer Bahn; alles was von ihr galt, durfte nun auch von den Planeten gelten. Daß die Bahnen der Planeten Kreise sind, und daß die Bewegungen eines jeden gleichförmig erfolgen, in gleichen Zeiten gleiche Räume durchmessend, dies bedarf kaum einer Erwähnung, denn es gilt für das ganze Alterthum und bis auf Kepler. Die Philosophie der Pythagoreer erfordert insbesondere diese Gleichmäßigkeit; Geminus (cap. 1) sagt von ihnen: Wer könnte eine solche Unregelmäßigkeit des Ganges auch nur bei einem Menschen erträglich finden, der auf Anstand und Sitte hält? aber bei

*) Es heißt (II, 13): Ἡρακλεῖτος καὶ οἱ Πυθαγορεῖοι ἕκαστον τῶν ἀστέρων κόσμον ὑπάρχειν, γῆν περιέχοντα ἀέρα καὶ αἰθέρα ἐν τῷ ἀπείρῳ. Die Stelle ist verdorben und muß nach Stobäus (Eclog. p. 514) berichtigt werden, welcher liest: Ἡρακλείδης und: γῆν περιέχοντα ἀέρα ἐν τῷ ἀπείρῳ αἰθέρι.

der höchst vollkommenen Natur der Himmelskörper ist es unmöglich einen Grund zu finden, warum dieselben bald langsamer, bald wieder geschwinder gehen sollten" — eine Ansicht, welche noch geltend blieb, als man schon lange den Erscheinungen mehr Aufmerksamkeit zugewandt hatte.

Das System des Centralfeuers hat nun aber in sich selbst und in seiner besten Gestalt auch seine großen Schwächen, die bei längerer Aufmerksamkeit nicht verborgen bleiben konnten. Wie kommt es, daß nur die Sonne, und nicht auch der Mond von den Stralen des Centralfeuers getroffen wird, da doch feststeht, daß seine Phasen nur von dem Stand der Sonne abhängig sind. Und warum zeigt die Sonne, wenn sie vom Centralfeuer ihr Licht empfängt, nicht auch Lichtphasen, da ihr Stand gegen die Erde doch innerhalb der vier und zwanzig Stunden, nach Annahme eines Umlaufs der Erde um das Centralfeuer, sich beträchtlich ändert? Was dieser Theorie aber sogleich den Todesstoß geben mußte, war die Kunde von der südlichen Halbkugel her, jenseit des Aequators; denn drang ein menschlicher Fuß dahin, so mußte das Centralfeuer gesehen werden, falls es vorhanden war. Wurde es nicht gesehen, so konnte es auch nicht vorhanden sein, und bemerklich genug mußte es sich doch machen, mehr als die Sonne!

Daß nun die Pythagoreer um die Zeit des Sokrates und Platon eine solche Kunde besaßen, ist ganz wahrscheinlich; besaß sie doch Herodot! Es ist bekannt, was dieser erzählt (IV, cap. 42) von der ägyptischen, unter dem König Necho unternommenen Umschiffung Africas, etwa 150 Jahr vor seiner Zeit. Das Bedenken aber, das der ionische Geschichtschreiber hat nach seiner ionischen Weltanschauung, nämlich daß die Schiffer die Sonne im Norden gesehen, woraus er die Unwahrheit der ganzen Nachricht folgern will, mußte für die Pythagoreer wegfallen nach der ihrigen. Zu Alexanders Zeiten aber war die Kunde von der Möglichkeit einer Umschiffung Africas, um mit einer Flotte aus dem persischen Meerbusen ins mittelländische Meer zu gelangen, eine ganz geläufige Vorstellung, so daß der Feldherr sich ohne weiteres in einer Rede darauf beziehen konnte. Diese Kenntniß dankte man besonders der von Westen her unternommenen Umschiffung Africas durch den Karthaginienser Hanno, deren in der dem Aristoteles beigelegten Schrift *περὶ θαυμασίων ἀκουσμάτων* gedacht ist. Die Fahrt dauerte drei Jahre, innerhalb welcher sie säeten und ernteten. Mannert macht wahrscheinlich, daß Hanno ein Zeitgenoß des Herodot sei; es bedurfte aber der Zeit, bis die Kunde von ihm nach Griechenland kam.

Einen zweiten Periplus unternahm Scylar aus Karien um den Anfang des peloponnesischen Krieges (s. Mannert, Theil I, S. 70), dessen Resultate allen wissenschaftlichen Männern in Griechenland, und besonders auch in Großgriechenland, bekannt werden mußten.

So war denn also der Lehre vom Centralfeuer nur eine kurze Lebensdauer zugemessen; die Bedingung, worauf sie fußte, war die Unkenntniß von der anderen Erdhälfte; sobald von dieser nur einige Kunde nach unserer nördlichen Seite gelangte, war es um ihre Existenz geschehen, sie war unwiederbringlich verloren. Der Raum, auf dem sie sich bewegte und wo sie eine natürliche und nothwendige Existenz hat, liegt also zwischen der Kenntniß von der Kugelgestalt der Erde und der Kenntniß der anderen Halbkugel. Sie mag etwa nur ein oder zwei Menschenalter hindurch Anhänger gezählt haben, als sie auf organische Weise von der besseren Ansicht abgelöst ward — und das ist die Lehre von der Achsendrehung der Erde.

VI.

Es wird die Lehre von der Achsendrehung der Erde dem Hicetas von Syracus zugeschrieben. Wir finden bei Cicero (Quaest. Acad. prior. II., 39) die Nachricht: Hicetas Syracusius, ut ait Theophrastus, coelum, solem, lunam, stellas, supera denique omnia stare censet, neque praeter terram rem ullam in mundo moveri: quae quum circa axem se summa celeritate convertat et torqueat, eadem effici omnia, quae, si, stante terra, coelum moveretur. Die Stelle lautet sehr ausdrücklich und die Berufung auf Theophrast muß ihr zur Empfehlung gereichen. Sie ist denn auch in aller Wörtlichkeit genommen worden — von Copernicus und von allen Späteren.

Es bewegt sich nach dieser Aussage nicht der Himmel, sondern nur die Erde, es ist bestimmt von ihrer Achsendrehung die Rede, und das lehrt ein Syracusaner.

Aber ganz in Richtigkeit ist es mit der Stelle des Cicero jedenfalls nicht, denn die Achsendrehung der Erde erklärt nur die tägliche Drehung des Himmels, welche also nur als eine scheinbare sich darstellt; die Worte des Cicero: neque praeter terram rem ullam in mundo moveri sind falsch, und zwar so offenbar falsch, daß sie nimmermehr einem

Astronomen, nimmermehr einem Philosophen beigemessen werden können, der sich mit kosmischen Problemen beschäftigte. Die oratorische Ausführung hat hier den Cicero zu einer Ungenauigkeit verleitet, die auch in seiner Quelle nicht gelegen haben kann. Wer wollte nicht in der specielleren Bestimmtheit über Astronomisches dem Cicero ein Versehen, eine Verwechselung leicht zutrauen.

Leider hat uns Cicero nichts über die Schule gesagt, zu welcher Hicetas gehört. War er ein Pythagoreer? Man sollte es glauben, da er Syracusaner ist.

Auch über die Zeit fehlt uns eine bestimmte Angabe. Stände fest, daß Hicetas wirklich die Achsendrehung gelehrt, so müßte er, zumal als Pythagoreer, jünger sein als diejenigen Pythagoreer, welche das Centralfeuer lehren, aus dem einfachen Grunde, weil das Centralfeuer nur das Surrogat, nur die Vorstufe dieser besseren Lehre ist; er müßte also später als Philolaus gesetzt werden und käme in die Zeit des Sokrates und Platon.

Allein wir haben eine Nachricht, welche gerade auf das Gegentheil hinführt. Diogenes (VIII, 85) hat uns soeben gemeldet, daß Philolaus die planetarische Bewegung der Erde (um das Centralfeuer) zuerst gelehrt und setzt dann hinzu: Andere aber sagen daß Hicetas von Syracus dies gethan: *οἱ δὲ Ἱκέταν Συρακούσιόν φασιν.* Hier bekommen wir zu gleicher Zeit eine ganz andere Lehre des Hicetas und eine ganz andere Zeit. Wenn man nur ungewiß sein konnte, ob Philolaus oder Hicetas zuerst das Centralfeuer und die Bewegung der Erde um dasselbe gelehrt, so mußte Hicetas schon früher sein als Philolaus; lehrte er es aber wirklich zuerst, so stand dies ganz fest, denn Philolaus mußte es von ihm haben.

Ein großes Interesse gewinnt jetzt eine Stelle des Pseudoplutarch (Placit. philos. III, 9): *Θαλῆς καὶ οἱ ἀπ' αὐτοῦ μίαν εἶναι τὴν γῆν. Ἱκέτης* *) *ὁ Πυθαγόρειος δύο, ταύτην καὶ τὴν ἀντίχθονα.*. Wir dürfen um so weniger Anstand nehmen, diesen Pythagoreer Hicetas mit dem von Cicero genannten Syracusaner für Einen und denselben zu halten, als Diogenes diesem Hicetas von Syracus die planetarische Bewegung der Erde zuschreibt: diese steht aber mit dem Centralfeuer in unmittelbarer Verbindung und das Centralfeuer wieder mit der Gegenerde. Alsdann aber kann Hicetas nicht die Achsendrehung der Erde lehren, denn er hat statt ihrer noch das Centralfeuer. Er scheint, was Diogenes andeutet, diese Lehre wirklich ursprünglicher zu haben als Philolaus, dem wir überhaupt nur eine Ausartung der wahren Centralfeuerlehre zugestehen konnten. Aber noch eine genauere Stellung würde sich für ihn ermitteln. Er hat schon die Gegenerde als einen besonderen Planeten, er ist mithin von der ursprünglichen Lehre des Centralfeuers um eine Stufe entfernt, ihr Erfinder möge nun Hippasus sein, oder ein anderer, und macht vielmehr ein Mittelglied aus zwischen Philolaus und der eigentlichen sinnvollen Lehre von der Hestia. Hienach müßte sich denn auch seine Zeit bestimmen. Jetzt aber kann nicht mehr zweifelhaft sein, daß Cicero sich eine Verwechselung des planetarischen Laufes der Erde mit der Achsendrehung habe zu

---

*) Früher wurde *Οἰκέτης* gelesen; der augenscheinlich aus dem Itacismus entstandene Fehler ist von Boeckh verbessert worden.

Schulden kommen lassen, was um so leichter geschehen konnte, als ja auch diese nur den Stillstand des Fixsternhimmels herbeiführen wollte. Dem Zeugniß des Theophrast ließe sich wohl das des Eudemus gegenüberstellen, aus dessen Geschichte der Astronomie wahrscheinlich auch hier die Angaben der Placita fließen; außerdem wäre es wohl sehr unwahrscheinlich, daß eine so wichtige Thatsache in allen jenen Quellen, welche umfassendere und planmäßigere Ueberlieferungen geben, keine Spur zurückgelassen haben, und nur ganz isolirt bei Cicero auftauchen sollte.

Vor allen Dingen ist es nun aber auch ganz gegen den inneren Entwickelungsgang. Einem alten Pythagoreer kann keine einzeln stehende Ansicht beigemessen werden, am wenigsten eine solche, welche sich soweit von der Schule entfernt; scheint es doch auch, als ob in dieser schon der Geist eigener Forschung abzusterben anfing, so daß wir in der Generation des Philolaus auf keine großen productiven Gedanken mehr zu rechnen haben. In der That führt alles darauf hin, daß die Achsendrehung in eine andere Zeit, an einen anderen Ort, in eine andere Entwickelungsreihe gehöre. Die Geschichte ist so gerecht, nicht Einem Alles zu geben. Das Verdienst der Pythagoreer ist, die Achsendrehung angestrebt zu haben. Sie fanden statt ihrer ein Anderes und dies eben führte sie, je mehr sie es ausbildeten, von dem ursprünglichen Ziele ab *).

*) Boeckh ist noch ganz arglos der Angabe des Cicero gefolgt (Philolaus S. 122). Dagegen ersehe ich, daß Martin, dessen Etudes sur le Timée mir erst nach Abschluß meiner Arbeit bekannt geworden, schon die Angabe des Cicero in Zweifel gezogen. Ich hoffe daß die in der organischen Entwickelung liegenden Gründe den Ausschlag werden geben können.

Wir müssen die Urheber der Lehre von der Achsendrehung weiter abwärts im Lauf der Zeiten suchen, und schwerlich unter den Pythagoreern.

Allein noch einmal werden wir auf diese Pythagoreer verwiesen, und wieder durch die Placita philosophorum Diese bieten uns (III, 13) die kurze Angabe, daß Heraclides von Pontus und Ekphantus die Erde bewegten, aber nicht fortschreitend (μεταβατικῶς) d. i. planetarisch, sondern um ihr eigenes Centrum (Achse), und zwar von West nach Ost. So wenig diese Worte irgend eine verschiedene Auslegung zulassen, und so wenig über den Heraclides ein Zweifel sein kann, da er hier mit seinem Beinamen bezeichnet ist, so ist doch auch diese Stelle keineswegs geeignet, um uns bei ihrem sonst klaren Inhalt zu beruhigen. Heraclides der Pontier wird von Cicero (Tuscul. V, 3) ein Zuhörer des Platon genannt, auditor Platonis, und als ein gelehrter Mann, vir doctus, bezeichnet. Er wird von späteren öfters citirt als Quelle für pythagoreische Lehren, aber auch beschuldigt manches Fabelhafte überliefert zu haben. Er war also ein Geschichtschreiber der pythagoreischen Philosophie, in seinen eigenen Ansichten mehr außerhalb stehend und den Lehren des Platon und Aristoteles zugänglich. Das Bild das wir uns nach den wohl zusammenstimmenden Nachrichten von diesem Heraclides zu machen haben, führt aber sehr wenig darauf hin, denselben als Urheber einer der großartigsten und kühnsten kosmischen Anschauungen zu betrachten; er ist nach allem was wir wissen, überhaupt gar kein originaler Philosoph gewesen und am wenigsten würde er der Mann sein, der zuerst den Gedanken von dem Stillstand des Fixsternhimmels und der Rotation der Erde um ihre Achse gefaßt haben sollte.

Was nun seinen Genossen, den Ekphantus, anlangt, so wird er uns als Pythagoreer, unter andern von Stobäus genannt, sonst aber wissen wir von seinem Zeitalter nichts und von seiner Lehre wenig. Allein dies Wenige ist doch sehr charakteristisch und kann für den Kenner der pythagoreischen Philosophie sehr wohl dazu dienen, sein Zeitalter zu bestimmen, wenigstens nach der einen Seite hin eine Grenze zu ziehen.

Stobäus (Eclog. phys. I, 16) giebt uns Lehren des Pythagoreers Ekphantus, die aber wenig pythagoreisch klingen und sich offenbar nach Leucipp und Demokrit hinüberneigen, denn er lehrt das Leere und die Atome (*τὰ ἀδιαίρετα σώματα*), und soll die pythagoreischen Monaden zuerst als körperlich genommen haben. Dies widerstreitet aber so sehr dem ursprünglichen Sinn der pythagoreischen Philosophie, daß eine solche Meinung nur zur Zeit aufgekommen sein kann, als das innere Band bereits gelöst, das Centrum verloren war, und der Pythagoreismus sich in verschiedentlichen Eklecticismus verlief. Dies geschah zur Zeit des Platon und Aristoteles, und solche Dinge wären recht gut einem Zeitgenossen des Heraclides zuzutrauen, während die Art, wie beide in den Placitis unmittelbar zusammen genannt werden, schon darauf hinführen muß, daß sie Zeitgenossen seien. Es wird schwer anzunehmen, Ekphantus sei der Erfinder der Atome und eines atomistischen Systems, er scheint sich dies vielmehr von außen angeeignet zu haben, wird also wohl nicht vor Demokrit zu setzen sein, und der Zeit angehören, wo die ionische und dorische Philosophie sich stark zu mischen anfängt, und wo aus dem großen Gährungsprocesse, welcher beide zerstört, als einzige neue kräftige, ursprüngliche Gestaltung sich die attische Philosophie hervorhebt und abklärt.

Dies alles erwogen, scheint sich mit hinreichender Sicherheit zu ergeben, daß die Achsendrehung der Erde eine Lehre sei, auf welche die pythagoreische Schule zwar hingestrebt, welche sie aber nicht erreicht, denn die Lehre vom Centralfeuer und einem besonderen Planeten Antichthon, worin Aristoteles (de coelo II, 13) das Wesen der späteren Pythagoreer zusammenfaßt, steht damit in vollem Widerspruch. Hätte ein Pythagoreer die Achsendrehung gelehrt, was Aristoteles nicht entgehen konnte, so hätte er es an dieser Stelle sagen müssen. Er sagt es aber nicht, sondern eignet vielmehr, wie wir bereits gesehen haben, diese Lehre einem ganz anderen zu.

VII.

Wenn sich uns bisher in der ionischen und pythagoreischen Schule zwei Anschauungen von dem Weltganzen zeigten, die in entschiedenstem Gegensatz stehen, so verlor sich doch in den letzten Ausläufern beider Schulen schon der reine Charakter und hier wie dort begannen gemischte Vorstellungen. Noch mehr gilt das von einer zweiten italischen und einer zweiten ionischen Philosophenschule, welche, eine jede auf ihre Weise, es sich recht eigentlich zur Aufgabe machen, die Verschmelzung jener beiden Systeme herbeizuführen. Wissenschaftlichen Fortschritt und originale Forschung dürfen wir auf diesem Wege freilich nicht erwarten, allein es treten doch bestimmte und abgeschlossene Formen der Vorstellung vom Weltbau entgegen, die Eigenthümlichkeit genug besitzen, um in der Geschichte der kosmischen Systeme eine Stelle zu finden.

Unter diesem Gesichtspunkt wenden wir uns zuerst zu jener zweiten italischen Philosophenschule, welche nach der Stadt Elea den Namen der eleatischen erhalten hat. Der Stifter dieser Schule, Xenophanes von Kolophon, ist ein Jonier von Geburt, und brachte ionische Anschauungen mit nach Italien, die sich aber hier modificiren mußten nach den großen Resultaten einer so mächtig herrschenden Schule, wie es die pythagoreische damals war. Xenophanes nahm nun Pythagoreisches an, ohne aber das Jonische ganz aufzugeben, woraus denn folgt, daß seine kosmische Vorstellung keineswegs zu reiner Abgeschlossenheit und innerer Folgerichtigkeit sich ausbildet.

Die Vorstellung, daß die Erde etwas ursprünglich Festes sei, bleibt auch bei ihm herrschend. Er drückt dies aus: daß die Erde ins Unendliche Wurzel schlage, ἐπ' ἄπειρον ἐῤῥιζῶσθαι. Diesen Ausdruck hat uns Aristoteles überliefert (de coelo II, 13) und wir dürfen nach seiner prägnanten Eigenthümlichkeit nicht zweifeln, daß er dem Philosophen von Kolophon selbst angehöre. Eine bestimmte Anschauung damit zu verbinden ist schwer, doch scheint er sagen zu wollen, daß die Erde nicht als flache Scheibe auf dem Wasser schwimme, wie Thales wollte, noch auch, daß, wie Pythagoras lehrt, die Erde als freischwebender Körper inmitten des Alls zu denken sei. Und doch nimmt er die Kugelgestalt an, aber nicht der Erde, sondern des Weltalls. Der Gott des Xenophanes, welcher identisch ist mit dem Weltall, hat bekanntlich die Kugelgestalt, worin wir nur die Lehre des Pythagoras vom kugelförmigen Kosmos wiederfinden. Nun scheint er sich die Erde so zu denken, daß sie die Hälfte der Weltkugel ausfüllt, und zwar ganz ausfüllt mit ihrer festen Masse, ohne von Wasser oder Luft getragen zu sein. Die Erde ist unterwärts durch nichts anderes begrenzt, als durch die Grenze des Weltalls selbst. Dies scheint die einzig mögliche Art, die von Aristoteles zugeführten Worte mit der sonstigen Vorstellung des Philosophen zu vereinigen.

Eine solche Ansicht des Xenophanes aber würde recht wohl passen in die Progression von Thales auf Anaximander; ersterer gab der schwimmenden Erde nur eine dünne Scheibe, letzterer $\frac{1}{3}$ des Durchmessers, Xenophanes eine Dicke bis zur unteren Grenze der Welt.

Einfach, klar, und ohne Schwierigkeit ist die Ansicht des Parmenides vom Bau der Welt; sie steht aber in unmittelbarer Abhängigkeit von der des Pythagoras, wie auch nicht Wunder nehmen darf, denn er ist in Italien die gebieterische Autorität. Parmenides lehrt: das Weltganze das All, der Inbegriff alles Seienden, insofern zugleich Welt und Gott, ist kugelförmig; der Himmel bildet die Grenze gegen das Nichts, der Himmel, der wie eine Haut das Ganze umzieht. Inmitten der Welt ist die Erde, gleichfalls kugelförmig. Hiemit ist alles gesagt und abgethan, was sich wahrhaft und begriffmäßig wissen läßt; alles übrige fällt in die Sinne, ist dem Sinnenschein, dem Trug unterworfen, es giebt darüber nur schwankende Meinung, welche so und mit gleichem Recht auch anders sein kann. Die Brücke zwischen dem Allgemeinen und Besonderen ist hier abgebrochen, mit ihr zugleich aber auch das hauptsächlichste Mittel der Forschung und Beweisführung aufgegeben.

Nach dem Zeugniß des Posidonius bei Strabo (II, p. 150 C.) hat Parmenides zuerst die Erde in Zonen getheilt, und zwar in fünf, davon aber der mittleren, der heißen, eine besonders breite Ausdehnung gegeben. Auch hierin ist er wohl von Pythagoras abhängig, welcher ja die kugelförmige Erde auch an der anderen Hälfte als bewohnt annahm. Es vertheilen sich also die Klimate regelmäßig und symmetrisch nach den Breitengraden, so daß auch die südliche

Halbkugel ihre gemäßigte und kalte Zone hat, eben so wie die nördliche; die heiße aber schlingt sich um den Aequator und trennt beide. Daß er letztere besonders breit annahm, darf nicht auffallen, weil sich dadurch die damalige Unkenntniß der südlichen Halbkugel um so besser motivirte. Aber vielleicht hatte diese Unkenntniß zur Zeit des Parmenides schon aufgehört und jene zu große Breite konnte auch auf einer Erfahrung beruhen. Wahrscheinlich hatte Parmenides schon Kunde von Hanno's Reise, wonach denn nun auch des Herodot Angabe über die unter Neko unternommene Fahrt in ganz anderem Licht erscheinen mußte. Hanno konnte Afrika nicht umschifft haben, ohne die Angabe von der Sonne im Norden zu wiederholen, wodurch sich denn das Verhältniß des Sonnenlaufs zum Aequator und mit ihr das Wesen der Zonen feststellte, so wie nun die Kugelgestalt und das Freischweben der Erde über allen Zweifel erhaben war. Es liegt allerdings nahe zu vermuthen, daß sich Parmenides bei seiner Lehre von den Zonen zugleich mit auf diese Erfahrungen gestützt habe.

Es braucht kaum erinnert zu werden, daß durch diese Lehre des Parmenides von den Zonen, welche offenbar jenseit der heißen Zone wieder eine gemäßigte und kalte annimmt, weil sonst jene nicht die mittlere sein könnte, die Lehre vom Centralfeuer ausgeschlossen ist, welche also zwischen dieser und der Lehre des Pythagoras mitten inne liegt. Wir sehen bei Parmenides schon die Elemente sich geltend machen, welche ein Menschenalter später die Lehre vom Centralfeuer als gänzlich unhaltbar darstellten.

Parmenides hat mit seinem Vorgänger gemein, daß er die Welt in Grenzen einschließt gegen das Leere, womit denn der ionischen Anschauungsweise gehuldigt ist.

Viel schwieriger ist es die kosmische Vorstellung des Empedokles auf eine Einheit zurückzuführen, der sich auch hier als einen Eklektiker zeigt und eine nur noch dreistere Mischung pythagoreischer und ionischer Anschauung darbietet. Das Weltganze ist begrenzt und hat Kugelgestalt. Die Umschließung des Himmels ist eine starre, στερέμνιον (Plut. Plac. philos. II, 11); bei Diogenes (VIII, 77) wird der Himmel des Empedokles krystallartig, κρυσταλλοειδής, genannt. Dieser Krystallhimmel nun hat eine Bewegung: μακρῇσι κατὰ χθόνα δύετο ῥοίζοις. (Karsten v. 203); man vergleiche Arist. de coelo II, 13. Wenn aber der Himmel sich bewegt, so steht die Erde still.

Welche Gestalt hat nun die Erde? Ist sie Kugel, oder, nach ganz ionischer Art, wieder Scheibe? Diogenes meldet daß Empedokles den Mond als Scheibe nehme, δισκοειδής — dies läßt nicht viel für die Kugelgestalt der Erde hoffen.

In der That finden wir bei Empedokles eine höchst merkwürdige Vorstellung vom Weltbau, die man wohl am kürzesten als eine Uebersetzung der pythagoreischen Centralfeuerlehre ins Ionische betrachten darf. Nach Plutarch beim Eusebius (Praep. ev. I, p. 24) nimmt Empedokles zwei Hemisphären an, d. h. einen aus zwei Hemisphären bestehenden Himmel, welcher sich um die Erde bewegt, die eine Hemisphäre ist nun ganz die des Feuers, die andere die der Luft, mit nur wenig Feuer, so daß diese Seite (auf welcher wir nämlich wohnen) die Nachtseite ist — εἶναι δὲ κύκλῳ περὶ τὴν γῆν φερόμενα δύο ἡμισφαίρια, τὸ μὲν καθόλου πυρός, τὸ δὲ ἀέρος, καὶ ὀλίγου πυρός, ὅπερ οἴεται τὴν νύκτα εἶναι. Er denkt sich demnach zwei ganz verschiedene Hemisphären, eine Licht- und eine Nachtseite, jene ganze

Himmelsseite ist ihm eine Feuerseite, er hat also keinen Centralfeuerkörper, sondern eine Feuerhalbkugel des Himmels, welche die andere Erdhälfte umgiebt: *πῦρ ἐν τῷ ἑτέρῳ ἡμισφαιρίῳ τοῦ κόσμου, πεπληρωκὸς τὸ ἡμισφαίριον* Plac. philos. II, 20. Diese Seite des Himmels nun nennt er die rechte, die obere, so daß hier auf den Himmel übertragen wird, was bei den Pythagoreern von der Erde galt.

Beide Hemisphären nun scheint er sich durch einen Querdurchschnitt getrennt zu denken, und diesen Durchschnitt bildet eben die Erde, sammt dem Meer, so daß er jetzt sagen kann: „Feuer ist unter dem Meer" — *Πολλὰ δ' ἔνερθ' ὕδεος πυρὰ καίεται* bei Procl. in Tim. p. 141. Er scheint also in der That wieder, nach ionischer Art, eine breite Erde, eine flache Erdscheibe zu haben. Dabei kann er immer noch nicht von der Schwere los, welche nach unten ziehe. Er sucht nach Gründen, warum die Erde im Mittelpunkt des kugelförmigen Himmels feststehe und nicht falle; der Wirbel, welcher durch die schnelle Drehung des Himmels entsteht, halte sie. Aristoteles sagt uns dies an zwei Stellen seiner Schrift über den Himmel, III, 2: *τὴν γῆν ὑπὸ τῆς δίνης ἠρεμεῖν*, und ausführlicher II, 13, wo der Vergleich mit einem geschwungenen Gefäß angestellt wird, aus welchem, auch wenn die Oeffnung nach unten gekehrt sei, das Wasser nicht herausfließe. Vielleicht wollte Empedokles dadurch erklären, daß das Wasser auf der andern Erdseite der untern Erdscheibe nicht nach unten abfließt.

Daß Empedokles die Erdkugel nicht hat, ergiebt sich auch indirekt aus anderen seiner Lehren. So sucht er nach erklärenden Gründen für die Schiefe der Ekliptik und die Stellung des Pols. Die ursprüngliche Stellung sei eine andere gewesen, die **Schwere der Sonne** habe den Himmel nach Süden hinüber geneigt, und den Pol emporgezogen: ὑψωθῆναι: Plut. Plac. philos. II, 8 und Euseb. Praep. evang. XV, 39 — eine Erklärung, welche bei der Annahme der Kugelgestalt der Erde nicht nur überflüssig, sondern unmöglich sein würde.

Aus alledem scheint sich nun zu ergeben, daß Empedokles sich eigentlich nur die Welt des Thales um eine zweite Halbkugel verdoppelt habe, so daß er aus den beiden Halbkugeln des Himmels eine ganze Kugel bekam, dagegen aber eine beiderseitig bewohnte Erdscheibe — falls denn die Feuerseite des Himmels dies zuließ. Wie Empedokles sich speciellere Erscheinungen des Sternenhimmels erklärte, kann bei dem Mangel an wissenschaftlicher Tendenz unser Interesse nicht besitzen. Er will überall näher zur Volksmeinung zurück, weil er die großartigen Gedanken der Pythagoreer, denen er sich aber doch nicht gänzlich entziehen kann, in ihrem Wesen nicht zu fassen vermochte. Es ist der Mangel an mathematischer Bildung und mathematischem Sinne, den er mit Heraclit und den meisten Joniern theilt, so daß eben darum auf Klarheit und Schärfe seiner Vorstellungen verzichtet werden muß.

Was nun aber in der Weltlehre des Philosophen von Agrigent etwa noch unklar bleibt, erklärt sich durch seine Nachfolger, durch die fernern Stufen der Entwickelungsreihe dieser Ansicht. Es dürfte bekannt sein, daß sich von der Philosophie des Empedokles Fäden hinüberziehen auf Anaxagoras, und von diesem auf Leucippus und Demokrit. Eben dies deutet uns auch in specieller Beziehung auf die kosmischen Ansichten Simplicius an, (in Arist. de Coelo f. 91).

Ueber Anaxagoras Weltsystem besitzen wir nichts Zusammenhängenderes, und leicht könnte es scheinen, als ob der Philosoph auf dieser Seite keine eigenthümliche Ansicht ausgebildet, vielleicht überhaupt diesen Punkt im Unklaren gelassen hätte. Da wir aber bei ihm den Wirbel des Empedokles wiederfinden und er die Lehre von dem Umschwunge des Aethers (δίνη, περιχώρησις,) noch angelegentlicher behandelte, so dürfen wir ohne Zweifel die kugelförmige Gestalt des Himmels ihm zuschreiben; viel schwieriger ist es seine Ansicht von der Gestalt der Erde festzustellen.

Seiner kosmischen Lehre läßt sich aber noch von einer anderen Seite beikommen. Wir haben die Meldung, daß eine bestimmte Naturerscheinung auf Anaxagoras einen großen Eindruck machte und sein Nachdenken überwiegend beschäftigte. Dies ist der mehrfach von den Alten erwähnte Meteorsteinfall von Aegospotamoi (Plut. Lysander 12; Diog. Laert. II, 12). Der herabgefallene Stein hatte die doppelte Größe eines Mühlsteins (δίμυλος λίθος s. die Ausleger des Diogenes) und Anaxagoras hielt dafür, er sei aus der Sonne herabgefallen — ὃν εἶπεν ἐκ τοῦ ἡλίου πεσεῖσθαι — wahrscheinlich weil er bei Tage fiel. Nach dieser Annahme vermeinte er nun ein Stück von dem Sonnenkörper in Händen zu haben, und der Ausspruch des Thales, daß die Gestirne „erdartig“ seien, schien dadurch eine nähere Bestimmtheit zu erhalten. Demzufolge erkannte Anaxagoras die Sonne für einen Klumpen glühenden Eisens, denn das scheint μύδρος διάπυρος zu heißen und darauf konnte allerdings die schlackenartige eisenhaltige Beschaffenheit des Meteorsteins hinführen.

Der Philosoph von Klazomenä ging aber noch einen

Schritt weiter und stellte von hier aus eine Theorie über die Entstehung der Gestirne auf. *Die Gestirne sind Theile der Erde*, sie stammen selbst von dem Erdkörper her, es sind abgerissene Theile, die Gewalt des umschwingenden Aethers hat sie losgerissen, sie entzünden sich durch die Schnelligkeit des Umschwunges, und vollenden mit und in dem schwingenden Aether als Gestirne ihre Bahnen. Drei Gewährsmänner, die Placita philosophorum (III, 13), Eusebius (Praep. evang. XV, 30, p. 830) und Stobäus (Eclog. phys. I, 25. T. II, p. 508) geben uns übereinstimmend die merkwürdigen Worte: *Ἀναξαγόρας τὸν περικείμενον αἰθέρα πύρινον μὲν εἶναι κατὰ τὴν οὐσίαν, τῇ δ' εὐτονίᾳ τῆς περιδινήσεως ἀναρπάζοντα πέτρους ἐκ τῆς γῆς καὶ καταφλέξαντα τούτους ἠστερικέναι.*

Gilt nun dasselbe auch von der Sonne? Wir wissen, daß sie aus Meteorsteinmasse bestehen soll, und in der That sehr auffallend ist es in diesem Zusammenhange, daß Anaxagoras ein Interesse verräth, sie klein darzustellen: er giebt ihr nur die Größe des Peloponnesus — *ὅση Πελοπόννησος*. So berichtet der echte Plutarch (de fac. in orbe Lunae 19), wogegen der falsche Plutarch (Plac. philos. II, 21) sie vielfach größer als den Peloponnesus nennt — *πολλαπλασίονα τῆς Πελοποννήσου*. Dies ist aber ein Mißverständniß nach falscher Analogie. Thales, Anaximander und alle übrigen Philosophen heben hervor, daß die Sonne größer, viel größer sei als sie scheine und nehmen dabei die Erde zum Maaßstab; Anaxagoras dagegen will augenscheinlich zurück von der Größenbestimmung seiner Vorgänger, er will die Größe der Sonne möglichst ermäßigen — und warum? Weil sie selbst als *ein Theil der Erde* erscheinen sollte.

Wir bekommen hiernach eine Theorie, ähnlich derjenigen, nach welcher man in neuerer Zeit die Planeten als abgestoßene Theile des Sonnenkörpers hat ansehen und daraus ihre planetarischen Bewegungen und Rotationen hat herleiten wollen.

Es kann wohl kaum zweifelhaft sein, daß beides auch in der Theorie des Anaxagoras enthalten war: derselbe Grund, welcher die Himmelskörper in ihrer Kreisbahn führt, hat auch ihre Entstehung bewirkt.

Eine andre Frage ist, ob dieser Proceß abgethan sei mit der Weltbildung, oder noch fortwirke, ob der Aether auch ferner noch Erdtheile abreiße und emporführe? Es scheint fast bejaht werden zu dürfen nach Platons Gesetzen p. 967. Dann entsteht aber wiederum die Frage, wie der Aether so unmittelbar mit der Erde in Berührung kommen könne. Hier werden wir zurückgeführt auf die Frage von der Erdgestalt. Es scheint, als ob Anaxagoras die kugelförmige Erde nicht habe, schon darum, weil sein Vorgänger und sein Nachfolger diese Vorstellung fernhalten; sie mochte ihm, als einem guten Jonier, widerstreben. Giebt man aber dem Anaxagoras die Erdscheibe, welche immerhin von einiger Mächtigkeit sein mag, so würde der umgeschwungene Aether unmittelbar an ihren Rändern reiben und sie abrunden, wie auf der Drechselbank — ein Ausdruck des Herodot von den Weltcharten seiner Zeit. Da nun aber der Aether in schräger Richtung schwingt, so kann er im Osten Erdstücke mit emporführen, die dann, in seinen Strom gelangt, erglühen, dagegen wieder erkalten, wenn unter Umständen der Wirbel sie nicht mehr trägt und sie als Meteorsteine herabfallen. Plut. Lys. 12.

So schien denn hier die alte ionische Vorstellung noch einmal sich wieder fester zu gestalten, und zu Ehren zu kommen, es schien, als sei die unmittelbare Anschauung gerettet worden gegenüber den idealen Theorieen der Pythagoreer. Die Erde war wieder der Hauptkörper, alles andere dienendes Glied, Stoff von ihrem Stoff. Aber freilich war dadurch die Welt ins Engere gezogen, die Maaßstäbe hatten sich verkleinert, die schon gewonnene großartigere Auffassung erfuhr einen Rückgang. Allein es pflegt in der Geschichte menschlichen Forschens zu geschehen, daß mit dem Eintritt neuer Factoren Aufregung, Störung, Uebereilung sich zeigt. Man traut der neuen Erscheinung vorzugsweise die Lösung alles dessen zu, was auf anderem Wege nicht vollständig erklärt werden konnte und vernachlässigt mit Unrecht alle anderen Factoren.

Das Gleichgewicht stellte sich bald her. Die Griechen kamen von diesen Vorstellungen wieder ab; nur noch in dem Phaethon seines Schülers Euripides (Diog. II, 10) und bei Diogenes von Apollonia (Stob. Eclog. I, 508) spiegelt sich die Ansicht des Anaragoras. Den Eindruck des Phänomens von Aegospotamoi verwischte die Zeit; um so gewagter mußte jene Theorie erscheinen. So dürfen wir denn nur sagen, daß die eigenthümliche Theorie des Anaragoras ein interessantes Intermezzo bilde zwischen den kosmischen Anschauungen des Empedokles und Leucippus.

Wir gehen jetzt über auf Leucippus. Obgleich wir von diesem wenig Nachrichten besitzen, so läßt sich dennoch glücklicherweise nach ein paar prägnanten Andeutungen in bestimmten Zügen das Wesentliche seiner Weltanschauung entwerfen. Die Welt ist eine Kugel (Diogenes IX, 31 und

Stobäus Eclog. p. 356), die Erde aber gleicht an Form einem Tympanon, nach Plutarch plac. III, 10: *Λεύκιππος τυμπανοειδῆ (ἀπεφήνατο τὴν γῆν)*. Aber welche Form hat ein Tympanon? Darüber finden wir Auskunft bei Varro (Rei rust. III, 5, 15) welcher sagt: tabula cavata, ut tympanum. Das Tympanon also ist hohl, ist gewölbt, wie unsere Kesselpauke — wir bekommen einen Körper, der oben von einer ebenen Fläche begrenzt wird, unten aber gewölbt ist, eine Halbkugel hat. Dies paßt nun trefflich zu der übrigen Vorstellung des Philosophen, namentlich zu der Kugelform des Weltalls, wovon die Erde, als Halbkugel, nur die untere Hälfte einnimmt — eine Vorstellung, welche für uns nicht mehr überraschend ist. Die Weltkugel ist in der Mitte halbirt, die untere Hälfte ist Erde, mit Einschluß des Meeres, die obere Himmel, das Ganze hat eine Umschließung, die schon darum nöthig ist, damit der flache, horizontale Ocean nicht seitwärts ablaufe in den leeren Raum außerhalb der Welt. Es scheint dies die zur vollen Klarheit erhobene Vorstellung des Xenophanes zu sein; von der des Empedokles aber unterscheidet sie sich, denn dieser hat eben unterwärts seinen Feuerhimmel.

Wir finden noch eine besondere Meinung des Leucipp über die Schiefe der Ekliptik verzeichnet, für welche schon Empedokles nach einem Grunde gesucht hatte. Leucipp brauchte gleichfalls diese Lehre, weil er die Kugelform der Erde aufgegeben hat. Er sagt, (Plut. plac. III, 12) es sei die Nordseite unfreundlicher und kälter, die Südseite dagegen dem Gedeihen aller Früchte zuträglicher: darum neige sich die Erde nach Süden hin — es ist gedacht, wie etwa ein Baum sich nach der Sonne zieht. Uebrigens liegt dem eine entgegengesetzte Vorstellung zum Grunde, als wir bei Empedokles fanden, denn hier wäre der frühere, oder normale Zustand der gewesen, wo der Pol sich im Zenith befunden hätte, während jener ihn vielmehr in den Horizont verlegte. Nach jenem hatte sich der Pol gehoben, nach diesem hat er sich gesenkt, dadurch nämlich, daß die Erde sich südwärts bewegt hat.

Die ganze Auffassung steht augenscheinlich der des Xenophanes näher als der des Empedokles, Demokrit dagegen schließt sich diesem an, und entfernt sich von jenem. Hieraus scheint zu folgen, daß vielleicht Leucippus vor Empedokles zu setzen sei, was bei der ziemlichen Unsicherheit über das Zeitalter desselben von Interesse wäre.

In der That weicht Demokrit, der meistens von den Alten und Neuern mit Leucipp zusammengefaßt zu werden pflegt, noch so wesentlich in seiner kosmischen Ansicht von diesem ab, daß sogar Empedokles zwischen beiden als Mittelglied gelten kann.

Demokrit hat auch die Kugelgestalt des Himmels als Grenze des Alls; das ist um diese Zeit die herrschende Vorstellung auch bei allen Joniern. Allein hinsichtlich der Form der Erde und ihres Verhältnisses zur Himmelskugel hat er eine ganz andere Lehre. Seine Erde ist scheibenförmig, δισκοειδής (Plutarch plac. III, 10) und, wie wir ebendaselbst erfahren, an den Rändern erhöht und in der Mitte vertieft — da wären wir also wieder eben da, von wo wir ausgingen, nämlich bei der homerischen Vorstellung. Der Unterschied aber ist der, daß hier immer noch der kugelförmige Himmel bleibt, welcher von der Erdscheibe in zwei Hälften getheilt wird — wovon aber dem Demokrit nur die obere Seite wirkliche bewohnbare Fläche ist. Auf der anderen scheint es ihm gar nichts zu geben — allenfalls konnte sie dienen als Schattenwelt des populären Glaubens. Sicherlich ist sie ihm nicht die Tagseite der Welt, nicht das bessere Jenseits, so wie denn auch der ganzen Philosophie des Demokrit alles Ideale und nach Jenseits strebende fehlt, eine reine Diesseitsphilosophie, so gut sie nur irgend in neuerer und neuester Zeit vorgekommen.

Der Diskus des Demokrit unterscheidet sich nun wesentlich von dem Tympanon des Leucipp, nicht bloß durch die größere oder mindere Dicke, wie etwa Thales und Anaximanders Ansicht von der Form der Erde darin verschieden ist, sondern bei Leucipp erstreckt sich die Erde unterhalb bis an den Rand des Himmels und füllt also die untere Halbkugel aus, während bei Demokrit die scheibenförmige Erde noch Luft unter sich hat. Diese unten eingeschlossene, comprimirte Luft soll sie eben tragen. Wahrscheinlich war es das physicalische Factum, an welches hier Demokrit anknüpfte. Eben zufolge ihrer Breite soll die Erde ruhen auf der unteren Luft, welche sie abschließe, wie der Deckel eines Gefäßes. Diesen Ausdruck hat uns Aristoteles erhalten: *ἐπιπωματίζειν τὸν ἀέρα τὸν κάτωθεν.* de coelo II, 13. Hieraus sieht man wiederum zugleich ganz deutlich, warum der Himmel ein fester Körper sein muß, eine Hohlkugel von starrer Substanz, weil er eben die unten comprimirte Luft und mit ihr den ganzen Druck der Erde selbst auszuhalten hat. Dabei ist freilich sehr auffallend, daß, obgleich das Weltganze kugelförmig ist, doch von einem Druck nach unten, und nicht nach der Mitte gesprochen wird, wie dies bereits die Pythagoreer hatten.

Es geht ferner aus der Vorstellung des schließenden Deckels hervor, daß die Erde sich bis unmittelbar an den Himmel erstreckt, welcher vielleicht nur einen kleinen Spielraum läßt für die Gestirne. Das Meer hält bei Demokrit nicht der Himmel nach Art eines Gefäßes, sondern die Erde selbst. Diese nämlich ist am Rande etwas erhöht, in der Mitte vertieft, also wieder die alte Tellerform, (Plut. plac. III, 10 — *Δημόκριτος δὲ δισκοειδῆ μὲν τῷ πλάτει, κοίλην δὲ τὸ μέσον.*

Es darf hier nicht übergangen werden, daß Aristoteles (l. c.) in Beziehung auf die erwähnte Lehre den Demokrit mit dem Anaximenes zusammenfaßt, woraus man denn folgern könnte, daß diese Lehre schon älter sei und ihr Uebergang sich allmälig gemacht habe. Allein Aristoteles hat hier wohl nicht das Interesse der schärfsten Unterscheidung und ihm scheint die Lehre des alten Joniers, daß die Erde auf Luft als dem Grundprincip, ruhe, zu jener Zusammenfassung veranlaßt zu haben, während Anaximenes schwerlich die Himmels**kugel** hat.

Bemerkenswerth ist besonders noch die Meinung des Demokrit über die Milchstraße: sie entstehe durch den Zusammenfluß des Lichtes vieler nahe bei einander befindlicher Sterne: *πολλῶν καὶ μικρῶν καὶ συνεχῶν ἀστέρων, συμφωτιζομένων ἀλλήλοις, διὰ τὴν πύκνωσιν, συναυγασμόν (τὸ γάλα ὠνόμασε)* Stob. Eclog. p. 576. Eben so bei Macrobius, in den Plac. philos. und bei Galen. Allein diese Ansicht, welche überraschend erscheint, namentlich im Vergleich mit Aristoteles, der die Milchstraße für ein Meteor innerhalb der Atmosphäre erklärt und in solcher Rücksicht damit seine Meteorologie anhebt (I, 1), ist doch dadurch sehr zu modificiren und erweist sich von unserer Annahme immer noch wesentlich verschieden, wenn wir erwägen, daß Demokrit keinen unendlich offenen, sondern einen mit fester Begrenzung abgeschlossenen Himmel hat. Endlich kann noch angeführt werden, daß er mit Anaxagoras in dem Mond Berge und Thäler erkannte (Stob. eclog. p. 550), wodurch denn die Analogie mit der Erde noch näher hervortrat; Empedokles hatte ihn aber schon als bewohnt angenommen.

Um dieser abnehmenden Progression einer wissenschaftlichen Ansicht noch um ein Glied weiter zu folgen, wäre hier noch von der verwandten Ansicht des Epicur zu sprechen, von welcher aber in der That nicht viel zu sagen ist, weil dieser Philosoph sich besonders nur das ethische Gebiet angelegen sein ließ und alles Naturphilosophische vernachlässigte, so sehr, daß er es fast dem Belieben überließ, was man von den Erscheinungen und ihren Gründen denken wolle. Ueberall neigt er sich noch mehr als Demokrit dem zu, was die unmittelbare Sinnenerscheinung ergiebt. Da er den vertikalen Fall der Atome lehrt, während Demokrit kreisförmige Wirbel als ihre natürliche Bewegung annahm, so ist ihm noch bestimmter die Erde die untere Ablagerung, wie Lucrez es ausdrückt in den anschaulichen Worten: subsedit funditus ut faex. Des Demokrit Lehre von der unteren eingeschlossenen Luft wird er wohl als zu complicirt verworfen haben; kaum daß er sehr besteht auf die untere Himmelskugel, denn er stellt es anheim, ob man sich Sonne und Mond unter der Erde ihre Kreisbahn vollendend, oder jedesmal im Osten bei ihrem Aufgange neugeboren vorstellen wolle, (nach Diogenes X. 91). Beliebig sei es auch, sich die Mondfinsterniß durch zwischentretende Gestirne, oder durch ihr eigenes Erlöschen zu erklären, und auf die Frage, wie groß die Sonne sei, antwortete er: so groß als sie erscheint. Hier haben wir den vollständigen Rückgang der vom philosophischen Geist getragenen Forschung zu dem unmittelbarsten Augenschein und einer fast türkischen Gleichgültigkeit. Der begeisterte römische Verehrer des Epicur, Lucrez, zeigt gleichfalls kein großes Interesse für scharfe Ausbildung einer kosmischen Ansicht; recht bemerkenswerth aber ist, daß er die Begrenztheit der Welt mit vieler Lebhaftigkeit bekämpft, wahrscheinlich darin italischen Vorstellungen nachgebend, wiewohl er nach atomistischen Gründen sucht, und dieselben findet in der Unmöglichkeit, daß der leere Raum begrenzt sei. Aus demselben Grunde lasse sich auch nicht sagen, daß die Erde in der Mitte sei — am Schluß des ersten Buches.

Sollen wir nun von allem bisherigen das Resultat ziehen, so ist es das, daß eine ionische und eine italische Vorstellung sich scheidet. Die erste hat ursprünglich die flache Erde, sei es als Scheibe, oder als Cylinderabschnitt, und darüber halbkugelförmig das feste Himmelsgewölbe. Die Pythagoreer haben von ihrem Stifter her die Erdkugel und den kugelförmigen Himmel, in dessen Mitte die Erde freischwebt, eine Ansicht, die selbst auf die Eleaten übergegangen ist; später haben die Pythagoreer die planetarische Bewegung der Erde um das Centralfeuer und die Unendlichkeit des Himmels. Keine dieser Auffassungen hat die berühmte Schule der Pythagoreer bei den späteren Joniern durchsetzen können, auch nicht einmal die Kugelgestalt der Erde; alles was die Jonier von jener annahmen, beschränkt sich auf die Kugelform des Himmels, des Weltalls, während sie hinsichtlich der Erde je mehr und mehr wieder zur alten Ansicht zurückgehen.

festen Boden unter ihren Füßen zu haben, mit der unmittelbaren Sinnenanschauung nicht zu brechen, sondern in möglichst gutem Vernehmen zu bleiben, dies darf als ein Charakterzug des ionischen Stammes angesehen werden. Ihr Streben ist überall auf Erfahrung und Beobachtung, auf inductive Forschung hingerichtet, ihnen mißbehagt die kühne ideale Anschauung der Pythagoreer — die aber, wie wir zu zeigen gesucht, keineswegs Elemente der Erfahrung von sich stößt, vielmehr aus dem Anknüpfen an dieselben erst ihre Kräfte schöpft.

So die Jonier und die italischen Dorier; wie aber verhält sich nun zu beiden der attische Volksstamm? Was hat Athen hier geleistet im Vergleich zu Milet und Kroton? Wir wissen, wie sich sonst das Verhältniß stellt in Poesie und Philosophie. Die Attiker verbanden ionische Epik mit dorischer Lyrik und schufen so die reichste Kunstform, das Drama. Auch in der Philosophie hat Athen, das wieder zuletzt kam, die höchste Palme davon getragen, indem es philosophische Systeme schuf, welche, ohne eklektisch zu sein, die ganze frühere Philosophie sowohl der Jonier als der Dorier in sich aufnehmen.

Was wissen wir nun von athenischen Philosophen in Beziehung auf ihre kosmischen Anschauungen? Läßt sich auch hier dasselbe günstige Verhältniß zu ihren Vorgängern durchführen? Nach mancherlei Anzeichen ist gerade die Zeit des Platon und Aristoteles reich an Gedanken über den Bau und die Oeconomie der Welt, so daß es sehr auffallen würde, wenn Athen, wenn Platon und Aristoteles nicht näheren Antheil daran genommen hätten; denn wie könnten sie Philosophen sein, und diesem Gegenstand nicht ihr volles Interesse zuwenden.

VIII.

Machen wir nun hier einmal einen Sprung bis zu dem, was in der späteren Periode Griechenlands gegolten hat. In der alexandrinischen Zeit nahm die Astronomie eine völlig wissenschaftliche Gestalt an, in welcher sie als Erbtheil auf die nachfolgenden Zeiten gekommen ist. So finden wir sie niedergelegt in den Werken des Ptolemäus, der herrschenden Autorität bis auf Copernicus.

Die Frage, welche kosmische Anschauung der Astronomie des Ptolemäus zum Grunde liegt, beantwortet sich dahin: im Wesentlichen die aristotelische, von der wir aber wissen, daß sie eigentlich die des Pythagoras ist. Die Erde ist eine Kugel und befindet sich im Mittelpunkt des Weltalls ruhend.

Es ist wahr, Ptolemäus sucht für seine Annahmen Beweise aufzustellen. Daß die Erde ruhend den Mittelpunkt einnehme, will er (Almagest. I, 4) ausdrücklich beweisen, nämlich dadurch, daß sonst der Horizont den Himmel in zwei ungleiche Theile schneiden würde — während er doch selbst die unendliche Entfernung der Fixsterne kennt! — und dann, daß die Aequinoctien nicht eintreten könnten, wenn die Sonne sich nicht in der Mitte der beiden Wendekreise befände. Auch aus physikalischen Gründen glaubt er es beweisen zu können, nicht sehend, daß dies terrestrische Erscheinungen sind, welche über kosmische Verhältnisse nicht entscheiden. Der Fall der Körper erfolge überall auf der Erde rechtwinklig gegen die Ebne des Horizonts, weise also auf den Mittelpunkt der Erdkugel hin, und hieraus folge — daß die Erde das Centrum der Welt sei! Auf ähnliche Weise führt er den Beweis, daß die Erde sich nicht bewegen könne, weder planetarisch fortschreitend, noch um ihre Achse rotirend. Wäre das erstere der Fall, so müßte wiederum sich der Himmel durch den Horizont in ungleiche Theile theilen. Im vorhergehenden Kapitel hat er zwar selbst dargethan, daß die Erde ein verschwindender Punkt sei in Beziehung auf den Firsternhimmel, weil Beobachtungen, an verschiedenen Theilen der Erde angestellt, keine Parallaxe ergeben — von einer Bewegung im Weltraum scheint er gleichwohl eine solche zu erwarten, und da diese überhaupt nicht stattfindet, so ist er nicht so kühn, selbst den Durchmesser einer solchen Erdbahn im Vergleich zur Entfernung der Firsterne für Null zu halten, sondern macht vielmehr den Schluß, daß die Erde keine fortschreitende Bewegung habe. Jenes, wie aus der Stelle im Psammites des Archimedes ganz deutlich hervorgeht, that bereits Aristarch von Samos; man kann daher den Grund des Ptolemäus nicht einen Grund, sondern nur eine Beschönigung nennen. Nicht aus solchem Grunde verwirft er die Ansicht des Aristarch sondern er folgt einer anderen Autorität und sucht nur hinterdrein zum Ueberfluß und zur Ausschmückung nach einem Argument.

Noch mehr Blöße gewähren die Gründe, welche Ptolemäus vorbringt, um sich der Annahme der Achsendrehung zu entziehen. Er muß zugestehen, daß das Phänomen der Drehung des Firsternhimmels von Ost nach West sich sehr wohl erklären lasse durch eine Achsendrehung der Erde von West nach Ost, ja er gesteht dieser Erklärung sogar den Vorzug der größeren Einfachheit zu — welche aber für ihn nicht die Entscheidung giebt, vielmehr bemüht er sich den ungeheuren Umschwung des Firsternhimmels, woran die Philosophen aller Zeit mit Recht so großen Anstand nahmen, als feurigen Körpern zukommend zu erklären, während es dem starren Erdkörper zukomme, festzustehen. Mit dieser leichten Wendung glaubt er die allerdings gedachte Forderung derer niederschlagen zu können, welche „für die kugelförmige, schwere Masse der Erde entweder einen Stützpunkt verlangen, oder eine Bewegung". Der Grund: Alle geworfenen Körper, und selbst der Flug der Vögel, müßten, falls die Erde eine Achsendrehung hätte, uns in der entgegengesetzten Richtung zu fliehen scheinen — dieser Grund, der für uns kein Gewicht hat, konnte auf seinem Standpunkt allerdings gewichtiger sein, ist er doch sogar in neuerer Zeit wiederholt worden.

Allein alle solche Gründe kommen nicht in Betracht, denn sie sind es nicht, welche den Ptolemäus bestimmen. Er nimmt keine Achsendrehung, keine planetarische Bewegung der Erde an, weil es sein großer Vorgänger nicht gethan, er folgt hierin der Ueberlieferung, der Autorität. Die Wissenschaft in der Gestalt wie er sie überkommen, folgte dem geocentrischen System. Nicht Ptolemäus, sondern Hipparch müssen wir nach den Gründen fragen, warum er diesem den Vorzug gab; leider nur fehlen uns die Schriften dieses großen Astronomen, welcher seiner Wissenschaft eine ganz neue Gestalt gab. Wir werden aber weiterhin noch auf ihn unsere Betrachtung zurücklenken können.

Im übrigen besteht nun das Charakteristische der ptolemäischen Astronomie besonders in der Anwendung der Epicykeln und excentrischen Kreise, einer Theorie, welche von hier ab ohne Anfechtung bis auf Copernicus gegolten, und der eigentlich erst Kepler ein Ende gemacht hat. Die Erscheinung, welche den Planeten ihren Namen gegeben hat, nöthigte zu dieser Theorie. Ihre complicirten Bahnen lassen sich nicht erklären durch die einfache Kreisbewegung; während die theoretische Speculation von dieser nicht lassen mochte, zeigte die praktische Beobachtung einen beständigen Widerspruch. Man versuchte darin eine Einigung zu finden, daß man eine doppelte Kreisbewegung annahm. Der Planet hat eine kreisförmige Hauptbahn, allein auf dieser bewegt er sich selbst noch nicht, sondern vielmehr nur das Centrum eines zweiten Kreises, in dessen Peripherie sich der Stern befindet. Nun findet eine doppelte Bewegung statt, einmal rotirt der zweite Kreis um sein Centrum und führt also den Stern in der Peripherie herum, und dann bewegt sich sein Centrum in der Peripherie des ersten Kreises. Der Stern hat also ungefähr die Bewegung, die ein Nagel in dem Rande eines Rades an einem fahrenden Wagen beschreiben würde. Auf solche Weise glaubte man sich nicht bloß die rückgängigen Bewegungen der Planeten, sondern auch die ungleichen Geschwindigkeiten ihres Laufs erklären zu können, die man aus speculativen Gründen nicht für eine ursprüngliche Erscheinung zu halten geneigt war. Diese Hypothese nun ist sehr biegsam, da man die Epicykel größer oder kleiner annehmen kann, je nachdem der beobachtete Planetenlauf es erfordert; allein trotz ihrer Biegsamkeit reichte sie doch nicht aus, und war mit der Erscheinung, je mehr man diese scharf beobachtete, nicht in Einklang zu bringen. Es gab nur zwei Wege: entweder, man setzte noch einmal eine Epicykel auf die andre, indem für jede beobachtete periodische Ungleichheit eine neue Epicykel erfunden werden mußte, oder aber man nahm auch solche Epicykeln an, welche nicht in ihrem Centrum, sondern excentrisch auf dem Kreise der Hauptbahn aufgeheftet waren. So bekam man einen weitläuftigen und schwerfälligen Mechanismus von sich auf einander bewegenden Kreisen oder Ringen, die ohnedies, nach Erforderniß, in verschiedene Ebenen gelegt werden mußten Schon zu Kalipps Zeiten, der noch ein Zeitgenoß des Aristoteles ist, war die Zahl der Epicykeln, wie uns Alexander und Simplicius berichten, auf 55 angewachsen.

Mit diesen Epicykeln und Excentren, die in des Ptolemäus Astronomie eine so große Rolle spielen, schaltet der Astronom mit großer Freiheit, und hält sie allerdings für nichts weiter als eine mathematische Hypothese. Es zeigt sich dies z. B., wo er von der doppelten Bewegung des Mondes spricht (lib. IV, cap. 4). Er thut dar, daß die Anomalie der Erscheinung sich gleich gut auf die Hypothese der Epicykel, wie auf die Hypothese der Excenter zurückführen lasse, und wo es sich um die Auffassung zweier Ungleichheiten handelt, findet er es angemessener (οἰκειότερον) sich für den einen Fall der einen, für den andern aber der anderen Hypothese zu bedienen.

Die Erfindung auch dieser Hypothesen gehört dem Ptolemäus nicht, er hat sie wieder überkommen, und zwar von Hipparch.

Aber auch der darf nicht für den Erfinder gelten; er bediente sich ihrer nur als Hülfsmittel der Rechnung und Beobachtung, er ist durchaus nicht ein Mann der Theorie. Den eigentlichen Erfinder nennt uns Simplicius (de coelo p. 119). Er spricht von den Epicykeln und fährt fort: Wie Eudemus im zweiten Buch seiner Geschichte der Astrologie erwähnt, und nach ihm Sosigenes, soll zuerst von allen Griechen Eudoxus sich mit diesen Annahmen befaßt haben — *ἅψασθαι λέγεται τῶν τοιούτων ὑποθεσιῶν* — indem Platon, wie Sosigenes berichtet, diese Aufgabe den Astronomen gestellt: welcher Combination gleichmäßiger Kreisbewegungen es bedürfe, damit die Erscheinung der Planetenbewegungen gerettet werde — *τίνων ὑποτεθεισῶν ὁμαλῶν καὶ τεταγμένων κινήσεων διασωθῇ τὰ περὶ τὰς κινήσεις τῶν πλανωμένων φαινόμενα.*

Im Folgenden erzählt Simplicius, Kalippus von Cizykus habe den Polemarchus, einen vertrauten Freund des Eudoxus, besucht, durch diesen habe er die neue Theorie des Eudoxus kennen gelernt, er habe sich darauf mit dem Polemarchus nach Athen zum Aristoteles begeben, und mit diesem zusammen die Theorie, welche in ihrer Hauptsache demselben gefiel, noch weiter ausgebildet.

Hienach ginge also die Sache von Platon aus und erhielte ihren Abschluß durch Aristoteles, ein Verhältniß, das wahrlich eine nähere Betrachtung verdient.

Was die Anregung des Platon anlangt, so klingt es, als ob dieser sich ausdrücklich an die Astronomen (*τοῖς περὶ ταῦτα ἐσπουδακόσι*) gewendet und denselben eine Aufgabe gestellt habe — so wird es auch aufgefaßt von Delambre (Einl. p. X.) und nach ihm von Whewell.

Zuerst muß erwähnt werden, daß derselbe Simplicius weiterhin (p. 120) meldet, die Erfindung der Excentern sowohl als Epicykeln werde von den Pythagoreern in Anspruch genommen, wie Nicomachus und nach ihm Jamblichus erzähle. Diese Nachricht nun scheint jener obigen von Eudorus völlig zu widersprechen; sie widerspricht ihr nur dann nicht, wenn wir in letzterer Stelle den Ausdruck *τοιούτων ὑποθεσιῶν* noch von etwas anderem verstehen als von Epicykeln und Excentern. Wäre denn das möglich? Ja wohl, es ist sogar unerläßlich, so sehr man auch bisher beides vermischt hat. Schon daß Whewell in den oben angeführten Worten sagt: „Kreise oder Sphären", mußte auffallen, denn Sphäre heißt Kugel, und Kugel ist nicht Kreis.

In seiner Schrift über den Himmel kommt Aristoteles auf diese Dinge nicht zu sprechen, dagegen unerwarteter Weise in einem späteren Buch der Metaphysik (XI, 8). Hier spricht er in bestimmten Worten von einer Hypothese zur Erklärung der Planetenbewegung, deren Erfindung er dem Eudorus zuschreibt, deren Ausbildung dem Kallippus gehöre, und an welcher er selbst, um ihr den letzten Abschluß zu geben, noch einige Modificationen macht. Aber mit keinem Wort wird hier der Epicykel gedacht, er nennt die Hypothese vielmehr die der sich in einander drehenden Kugeln: *τῶν ἀνελιττουσῶν σφαιρῶν* *). So habe, sagt uns Aristoteles, Eudorus für die Sonne und den Mond drei Sphären angenommen, erstlich die der Fixsterne, dann noch zwei andere, über welche er sich aber nicht so ausdrückt, daß er sogleich verständlich werden möchte. Die Sache auf

---

*) Ideler übersetzt: gleitende Kugeln. Abhandl. üb. d. Eudorus.

deren Einzelheiten wir noch zurückkommen, ist im Allgemeinen so. Es sind Kugeln in einander geschachtelt, so daß die Achse einer jeden eine andere Stellung hat. Diese Kugeln natürlich sind concentrisch, wie sie auch Simplicius mehrmals bezeichnet mit dem Wort ὁμόκεντρος. Der Planet selbst befindet sich an der letzten Kugel, die anderen haben keinen Stern, sondern dienen nur um die Achse der nächstfolgenden Kugel zu halten, dies wird ganz deutlich dadurch, daß Theophrast bei Simplicius (a. a. O.) sie sternlose, ἀνάστρους, nennt. Aristoteles unterscheidet zweierlei solcher Sphären, ἀνελιττοῦσαι und φερόμεναι. Jenes scheinen die ersten zu sein.

Erst jetzt können wir auf die Aufgabe, welche Platon den Astronomen seiner Zeit gestellt haben soll, zurückkommen, und wenn an sich schon sehr unwahrscheinlich ist, daß er nicht selbst Theil genommen haben sollte an dem Versuch der Lösung, so drängt dieser Gedanke sich noch viel mächtiger auf, wenn wir sehen, daß es sich nicht um Kreisbewegungen handelt, sondern um Sphären. Bei dieser Vorstellung werden wir nämlich sogleich hingeführt auf dasjenige kosmische System, welches Platon am Schluß seiner Republik aufstellt.

Die Göttin Nothwendigkeit hält zwischen ihren Knieen die Weltachse, ein mythischer Ausdruck von seltener Großartigkeit und mit dem Sinn einen letzten festen Punkt zu gewinnen. Im ferneren nun bekommen wir eine „himmlische Mechanik" im eigentlichsten Sinne des Worts. Die Weltachse geht durch die Pole und durch den Mittelpunkt der Erdkugel, welche fest daran ruht.

Um diese Weltachse nun kreist eine Anzahl von acht

concentrischen, in einander geschachtelten Sphären (Platon selbst spricht von in einander gepaßten Schachteln, κάδοι); die äußerste Sphäre nämlich ist für die Fixsterne, die anderen sieben aber für die sieben Planeten. Diese Sphären nun sind nicht nur concentrisch, sondern kreisen auch um dieselbe Achse mit dem Fixsternhimmel; der ganze Unterschied besteht darin, daß sie ungleiche Bewegung haben, obwohl auch in derselben Richtung bewegt. Es leuchtet also ein, daß der Zweck dieser Sphären kein anderer ist, als die ungleiche Bewegung des Fixsternhimmels und der Planeten zu erklären. Mehr als dies kann hiedurch nicht erklärt werden; jeder Planet, Sonne und Mond mit eingerechnet, hat nur eine Sphäre, der Planet müßte also hienach eine einfache Kreisbahn in der Ebne des Aequators, oder wenigstens parallel mit derselben beschreiben. Dies reicht freilich, der Erscheinung gegenüber, nicht aus; es zeigt sich eine Lücke, welche ausgefüllt werden mußte.

Hier läßt sich nun Eudorus ganz bestimmt anschließen, und jetzt wird uns zugleich vollständig klar werden, was Aristoteles über dessen System berichtet; die Aussagen des Aristoteles und die Darstellung des Platon beleuchten sich gegenseitig. Es heißt im elften Buch der Metaphysik, Eudorus habe für Sonne und Mond je drei Sphären angenommen, erstlich die der Fixsterne, zweitens eine Bewegung mitten durch den Thierkreis, drittens ihre eigene. Diese Sphären konnten nun aber nicht dieselbe Achse haben, sondern hatten jede eine andere. Hierin liegt nun die Abweichung von Platon und zugleich das, was Hypothese und Erscheinung in besseren Einklang bringt. Es war eine durch die Sache selbst geforderte Ergänzung und Modification der platonischen Ansicht.

Hienach nun liegt die Vermuthung nahe, daß das, was Sosigenes berichtet haben soll über die von Platon den Astronomen gestellte Aufgabe, sich auf gar nichts weiter beziehe, als auf das natürliche Verhältniß der platonischen Ansicht zu der des Eudorus, und auf das Hervorgehen dieser aus jener. Aus dem was in den Schriften zu Tage liegt, wäre also durch Verschiebung eine besondere Geschichte geworden, die uns den einfachen und wahren Zusammenhang leicht verderben könnte.

Es erhellt nun, daß Platon zwar der Urheber der um einander mit ungleicher Geschwindigkeit gedrehten Sphären ist, daß sich hievon aber doch die Ansicht des Eudorus wesentlich unterscheidet, denn dieser nimmt zugleich verschiedene Achsen an, und eben darin besteht das Wesen dessen, was Aristoteles die anelittischen Sphären nennt.

Die Ansicht des Platon übrigens hat einen nahen Zusammenhang mit der alten ionischen, namentlich mit der des Anarimander. Auch dieser schon hatte concentrische Krystallgewölbe, als Stützpunkt für die darauf, oder dazwischen mit selbständiger Bewegung wandelnden Gestirne, überdies hat er einen Mechanismus von beweglichen Ringen zwischen diesen ruhenden Schaalen. Platon, der einen allgemeinen Mechanismus des Himmels sucht, setzt nun die Sphären selbst mit den an ihnen aufgehefteten Gestirnen in Bewegung. Er hat aber nur für jeden Planeten Eine Sphäre.

Da nun diese nicht ausreicht, um die Erscheinung zu retten, wie Simplicius sich ausdrückt, so erfand Eudorus neue Sphären, und zwar mit abweichender Achsenstellung; so wie aber dieser Schritt einmal gethan war, so war dadurch eine Bahn geöffnet, auf der man immer weiter zu gehen gedrungen war, so wie die fortschreitende Beobachtung neue Anomalieen kennen lehrte, Elemente, in denen Theorie und Beobachtung sich nicht deckten. So folgte auf Eudorus Kallippus, der die Zahl solcher Sphären (nicht Epicykeln, wie oft angenommen wird) nach der Angabe des Alexander (zu Metaphysik XI, 8) bis auf 55 brachte — und auch diese genügten dem Aristoteles noch nicht.

Solchergestalt entfernte man sich immermehr von Platon, und die Theorie bekam eine ganz andere Richtung, so daß Aristoteles auch den Platon gar nicht mehr als ihren Urheber will gelten lassen, sondern die Reihe mit dem Eudorus anhebt. Ja es ist sogar sehr möglich, daß diese Ausbildung dem Platon widerstrebt habe, so daß Eudorus von hier ab mehr mit dem Aristoteles zusammeuhielt. Es ist auch klar, daß in der Hand des Astronomen vom Fach aus der Sache etwas ganz anderes geworden war: Platon suchte eine allgemeine kosmische Anschauung; Eudorus dagegen wollte eine speciell ausgebildete mathematische Hypothese, welche dem Detail der Erscheinungen gegenüber haltbar wäre und selbst für die Beobachtung Dienste leisten konnte. Zwischen diesen beiden also liegt ein interessanter Wendepunkt.

So ist es auch begreiflich, daß durch Eudorus dem Platon seine großartige Anschauung nur verleidet werden konnte. Eudorus nämlich zeigte, daß man mit der Annahme einer und derselben Weltachse nicht auskomme, daß die Erscheinung, falls man überhaupt innerhalb jener Vorstellung bleiben wolle, ein anderes verlange, Sphären mit verschiedenen Achsen — dies aber widersprach gerade der Einfachheit, welche Platon suchte für die Oeconomie des Weltgebäudes. Aber gewiß war Platon nicht so idealistisch und nicht so eigensinnig, daß er den Erscheinungen zum Trotz doch bei seiner Vorstellung geblieben sein sollte. Es dürfte uns gewiß nicht wundern, wenn er sie später fallen ließe und gegen eine bessere vertauschte.

So wie man aber einmal auf dem Standpunkt des Eudorus steht, ist auch der Uebergang von den in einander gedrehten Sphären zur Epicykel nicht mehr schwer. Die Achse der inneren Sphäre muß befestigt sein in der nächst umschließenden; die innere enthält den Stern, man braucht aber nicht die ganze Sphäre, man kann sich begnügen mit einem Theil derselben, man kann da abschneiden, wo der Stern sich befindet, so daß man also statt der ganzen Kugel nur noch einen Kugelabschnitt hat, an dessen Peripherie sich der Stern bewegt. Dieser Kugelabschnitt ist ohnedies nicht groß, namentlich für die dritte Sphäre, die Eudorus für den Mond annahm; es ist aber klar, daß, je kleiner der Abschnitt, um so mehr Sphäre und Kreis zusammenfallen, so daß man unbeschadet der Genauigkeit diesen unterschieben kann. So bekommen wir die Epicykel.

Allein Simplicius will nun einmal die Epicykel sowohl als die Excentern den Pythagoreern zueignen, sich stützend auf Nicomachus und Jamblichus. Es kann hier natürlich zunächst nur von späteren, nachplatonischen Pythagoreern die Rede sein; denn die alten sind vor allen Dingen der Ansicht gefolgt, daß die Planeten sich freischwebend bewegten, und daß es für sie keines mechanischen Anhaltspunktes bedürfe, auch waren sie von vorn herein gegen alle complicirte Bewegung und hielten nur die einfache Kreisbahn göttlicher Körper für würdig.

Die Platoniker und alle, die der älteren ionischen Anschauung zugethan waren, glaubten mit den Sphären zugleich die kosmische Anschauung zu verlieren, die späteren Pythagoreer dagegen mochten sich leichter in diesen Dingen bequemen, und so kann es wohl sein, daß sie zunächst den Astronomen die Epicykel, demnächst auch die excentrischen Kreise darboten. Diese letzteren sind mit den Sphären ganz unvereinbar.

Und doch hat Ptolemäus neben einander die Sphäre, die Epicykel und die Excentern. Er selbst erklärt sich deutlich genug darüber (Hypotheses I, 1). Er hat allerdings die Sphäre, aber nur den Namen, nicht den Begriff. Er hat die Sphäre nur als Hauptbahn für den Planeten, und versteht darunter geradezu nur die kreisförmige Bahn, ganz abstrahirend von der Kugel, er schaltet mit diesen Bahnen, als seien sie isolirt von den Sphären — *ὡς ἀπολελυμένοις τῶν περιεχουσῶν σφαιρῶν*. Für diese kreisförmigen Bahnen bedient er sich gleichwohl des herkömmlichen Namens Sphären. Auf diese Sphären nun heftet er seine Epicykeln, nach Umständen auch Excentern. Diese Mechanismen nun haben bei ihm gar keine kosmische, ja kaum noch eine theoretische Bedeutung, ihre ganze Anwendung ist nur als Hülfsmittel für Beobachtung und Rechnung, und in dieser Qualität haben sie das Ihrige für die Wissenschaft reichlich geleistet. Delambre ist der erste, der von einem unparteiischen Standpunkt aus dies wieder anerkannt hat, nachdem man, gegenüber der wahren Theorie, lange Zeit nur das Fehltreffende und Schwerfällige ins Auge gefaßt.

Freilich contrastirt dies unheimliche und, man möchte sagen, knarrende Räderwerk gar sehr gegen jene großartige Vorstellung der alten Pythagoreer, wonach die Himmelskörper in gemessenen Abständen frei und majestätisch durch den offenen unendlichen Weltraum ihre Bahnen wandeln, mit jener wohlthuenden Sphärenmusik, die wir nur darum nicht hören, weil wir sie immer hören, ähnlich, sagt Cicero, wie die Anwohner der Nilkatarakten deren Geräusch auch nicht mehr vernehmen.

Dies zusammengefaßt, so scheint also die Reihe der Vorstellungen von bewegten Sphären, Epicykeln, Excentern auf attischem Boden entstanden zu sein und den Platon zu ihrem ursprünglichen Urheber zu haben, so wie denn jene besprochene Stelle der Republik uns die ersten Grundzüge dieser Anschauung darbietet. Athen ist der natürliche Boden für diesen Gedanken, weil er eben eine Mischung der dorischen und ionischen Vorstellung ist; die ionischen festen Krystallgewölbe sind hier in Bewegung gesetzt, wogegen die Anschauung der Pythagoreer frei schwebende, durch das Gleichgewicht von unsichtbaren Kräften gehaltene, kreisende Gestirne hat.

IX.

Platon beharrte nicht bei der Ansicht von den geschwungenen Krystallsphären; er mochte, er konnte es nicht; es war durch einen der Erscheinung kundigeren Zeitgenossen etwas ganz anderes aus seiner Lehre geworden, und das Ursprüngliche ließ sich nicht mehr festhalten. So wird es denn nicht befremden, wenn wir im Timäus eine neue Anschauung finden.

Wir haben, als es sich um die Worte des Timäus handelte, uns auf die Frage beschränkt, ob die Achsendrehung der Erde in diesen Worten enthalten sei — eine Frage, die wir bestimmt bejahen mußten. Jetzt tritt uns eine andere Frage entgegen: ob Platon diese Lehre eigenthümlich gehört, oder ob er sie entlehnt hat, und, wenn entlehnt, von wem?

Wir haben den großen Philosophen bereits kennen gelernt als einen Mann, welcher selbständig über das große kosmische Problem nachdachte, und anderseits hat sich gezeigt, daß der Gedanke der Achsendrehung den Pythagoreern nicht gehört, so nahe sie auch daran waren. Hicetas und Philolaus haben diese Lehre nicht, Heraclides und Ekphantus haben sie zwar, ohne aber selbst als Erfinder gelten zu können. Die Zeit, wo diese Lehre entstanden sein muß, zeichnet sich also in bestimmten Grenzen, und was den Ort anlangt, so scheint in der That Athen wieder der natürliche Boden zu sein. Einem Geringen kann aber unmöglich einer der größten Gedanken gebühren, den eines Menschen Geist gefaßt hat. Gewiß wäre Platon groß genug — wenn es nur sonst Anzeichen gäbe, die auf ihn deuteten. Ich behaupte nun aber, daß Platon, der genöthigt war, jene Theorie der gedrehten Sphären entweder ganz aufzugeben, oder in einer fremden Modification anzunehmen, in welcher sie ihre großartige Einfachheit völlig einbüßt und ihm durchaus widerstreben mußte, daß dieser Platon durch innere Nothwendigkeit zur Lehre von der Achsendrehung hingedrängt wurde, so daß er derselben gar nicht mehr ausweichen konnte. Entweder es dreht sich der Himmel, oder — es dreht sich die Erde.

Die Pythagoreer waren von der letzteren Vorstellung nur noch um Einen Schritt entfernt, ihr täglicher Umlauf der Erde um das Centralfeuer hat die Achsendrehung bereits verhüllt in sich; das Centralfeuer war ohnedies nicht mehr zu halten: so bedurfte es kaum noch der Kühnheit, sondern nur einer einfachen Anschauung, wie eben diese dem Platon eigen ist — und er mußte der erste sein, welcher den Gedanken von der täglichen Rotation unseres Planeten um seine Achse faßte.

Streiten nun etwa die Zeugnisse damit? Nein, sie sind dafür, seit Hicetas hierin kein Rival mehr sein kann. Das Zeugniß des Aristoteles sagt einfach, Platon lehre im Timäus die Achsendrehung, er spricht nicht von einer Lehre des Timäus, welche Platon nur referirt; im Gegentheil: es wird dieselbe geradezu den Lehren der Pythagoreer entgegengesetzt. Wenn aber Cicero auf die Dunkelheit der

Stelle aufmerksam macht: Atque hoc etiam Platonem in Timaeo dicere quidam arbitrantur, sed paullo obscurius, so scheint auch darin ein Beweis für die Neuheit der Lehre zu liegen, und daß sie dem Platon gehört. Denn was konnte es für eine Gefahr haben, eine fremde, eine bekannte Lehre zu überliefern?

Wollte man aber daran Anstoß nehmen, daß Aristoteles uns nicht sogleich den Platon selbst nennt, sondern anhebt: Einige aber sagen — *ἔνιοι δέ φασι* — so darf auch dies nach griechischem Sprachgebrauch und nach der Weise des Aristoteles nicht befremden, welcher auch, wo er den Platon allein meint, z. B. in der berühmten Stelle (Eth. Nicom. I, 4) den Ausdruck wählt: *φίλοι ἄνδρες*. Er scheint hier um so diskreter sein zu wollen, als er wissen mußte, daß Platon sich absichtlich zweideutig ausdrückte. Außerdem ist der Plural, gebräuchlicher Weise, zugleich auf diejenigen zu beziehen, welche der Ansicht folgten, und da könnte man an Heraclides und Ekphantus denken, welche ja die Achsendrehung lehren und von denen der erstere von Cicero ein Schüler des Platon genannt wird.

Auf diesen Heraclides müssen wir hier noch einmal zurückkehren. Proclus bestreitet ausdrücklich, was Cicero uns meldet, nämlich daß er Schüler des Platon sei: *οὐ Πλάτωνος ὢν ἀκουστής* (Procl. ad Tim. p, 281) und Diogenes (V, 6, 2) sagt uns, daß er Schüler des Speusippus war und sich zu den Pythagoreern hielt. Er gehörte also zu jenen platonischen Pythagoreern oder pythagoreisirenden Platonikern, welche damals so stark in einander überflossen. Seine Schrift über die pythagoreischen Lehren, welche den Späteren so oft als Quelle dient, scheint nun eben in solchem Sinne verfaßt gewesen zu sein. Aus ihr hat auch nicht selten Simplicius geschöpft. Nun findet sich in dem Commentar des Simplicius zum zweiten Buch der aristotelischen Schrift über den Himmel, (fol. 124) eine sehr merkwürdige Aeußerung. Nachdem er nämlich die Ansicht des Aristoteles über die Pythagoreer dargestellt, fährt er fort: „Und so gab er selbst (Aristoteles) die Meinungen der Pythagoreer an; diejenigen aber, welche echtere Kunde von denselben haben (γνησιώτερον αὐτῶν μετασχόντες) setzen das Feuer in das Innere der Erde — ἐν τῷ μέσῳ — als eine schöpferische Kraft, welche von innen her die ganze Erde belebt und die Abkühlung derselben wieder durch Wärme ersetzt". Man hat dies auf Heraclides bezogen und wohl nicht mit Unrecht, denn er ist die Hauptquelle der Späteren über die Pythagoreer, denen er darum genauer als Aristoteles erschien, weil er es behauptete und weil er mehr Detail darbot. Allein dies war theils unkritisch, theils aber auch, sei es nun unwillkührlich oder absichtlich, verfälscht. Ich habe an einem anderen Ort, in meiner Schrift über die Fragmente des Archytas nachweisen können, daß alle nachplatonischen Pythagoreer mehr oder weniger Fälscher sind, indem sie fremde Lehren an alte pythagoreische Symbole knüpfen und durch Umdeutung ihnen einen ganz andern Sinn unterlegen, als sie ursprünglich hatten. Der ganze Neupythagoreismus beruht auf solcher Fälschung, indem man namentlich platonische Lehren auf die bezeichnete Weise für ursprünglich pythagoreische auszugeben suchte. Man entwickelte eine bewundernswürdige Virtuosität darin, den alten Worten und Terminologieen ganz neue Lehren unterzuschieben und somit alle Fortschritte der übrigen späteren

Schulen mit dreister Stirn sofort für pythagoreisches Eigenthum anzusprechen.

Ich nehme nun keinen Anstand, auch die eigenthümliche astronomische Ansicht der alten Pythagoreer, welche Simplicius hier aus einer Quelle, die besser sei, als Aristoteles, zu schöpfen glaubt, gleichfalls in die Reihe solcher Fälschungen zu stellen, die eben in so dreistem und sicherem Ton vorgebracht waren, daß der Commentator des Aristoteles verführt wurde, seinen Meister zu verleugnen.

Es kommt darauf an, diese kosmische Ansicht platonisirender Pythagoreer noch näher zu bestimmen und die unehrlichen Vorstellungen aus der Reihe organischer Entwikkelung fortzuschaffen, damit Raum werde für den Fortschritt echter Bestrebungen.

Obenan und als höchst charakteristisch steht die Vorstellung, daß das Centralfeuer sich inmitten der Erde befinde. Es ließ sich in der alten Gestalt nicht mehr halten, man konnte es nicht mehr außerhalb der Erde annehmen, denn wie man die südliche Halbkugel erreicht, hätte es dort sichtbar werden müssen, falls es überhaupt als Himmelskörper vorhanden war. Man konnte es nicht mehr unter der Erde denken und den Antipoden leuchten lassen; — wollte man es retten, so blieb nichts übrig, als es in das Innere der Erde zu versetzen. Das that man, und, wie diese Neupythagoreer sich charakterisiren, man würde erforderlichen Falls noch mehr gethan haben.

Dies neupythagoreische Centralfeuer im Erdinnern zieht nun eigenthümliche Consequenzen nach sich. Die Erde ist hohl, wir bewohnen die äußere Seite des Hohlkörpers, und wenn sonst die Erde eine planetarische Bahn um das Centralfeuer beschrieben hatte, so bewegt sie sich jetzt als Hohlkugel um jenes, das ihr Centrum ausmacht. Auf diese Weise suchten die platonisirenden Pythagoreer die alt pythagoreische Lehre vom Centralfeuer zu verschmelzen mit der neuen Lehre von der Achsendrehung. Es liegt hierin unmittelbar enthalten, daß sie nicht die Urheber dieser Lehre sein können, sie haben sich dieselbe angeeignet auf eine Weise, unter welcher ihr wahrer Sinn und die wissenschaftliche Bedeutung beider Vorstellungen verloren geht; in der That kann man diese Bewegung der Erde um die Mitte wohl nicht die Rotation der Erde um ihre Achse nennen.

In diesem Zusammenhange nun ist es sehr bemerkenswerth, daß zwei Zeugnisse, welche des Heraclides angebliche Lehre von der Rotation der Erde erwähnen, auch wirklich nicht von einer Bewegung um die Achse, sondern um das Centrum sprechen. So heißt es in der schon erwähnten Stelle in den Placitis, (III, 13), auf welche sich auch Copernicus bezog: *περὶ τὸ ἴδιον αὐτῆς κέντρον*, und bei Simplicius (ad Arist. de coelo f. 132), welcher von der fortschreitenden, planetarischen Bewegung der Erde gesprochen hat und dann im Gegensatz zu derselben des Heraclides gedenkt: *εἰ δὲ κύκλῳ περὶ τὸ κέντρον, ὡς Ἡρακλείδης ὁ Ποντικὸς ὑπετίθετο.* Ich kann nicht umhin auch hier den Ausdruck Centrum für keine zufällige Ungenauigkeit, sondern vielmehr für einen von der Quelle dargebotenen und hier absichtsvoll gewählten zu halten, weil sich dahinter eben zugleich die neue Centralfeuerlehre verstecken sollte. Daß Simplicius dies nicht aufgefaßt, dürfte aber nicht befremden, da das schlechte Gewissen des Autors Klarheit und Bestimmtheit ausdrücklich vermied. Dagegen giebt ein namen-

9*

loses Scholion aus dem Cod. Coisl. 166 (Brand. 505) die Worte: Heraclides von Pontus nimmt an, daß die Erde sich um die Mitte — περὶ τὸ μέσον — bewegt, der Himmel aber stillstehe". Denselben Ausdruck nun finden wir von Simplicius an jener Stelle gebraucht, wo er die Afterlehre vom Centralfeuer im Erdinnern mittheilt. Hienach wäre denn wohl kaum zu zweifeln, daß Heraclides als Mitschuldiger dieser Lehre, wo nicht als ursprünglicher Fälscher betrachtet werden müsse und daß er es eben sei, auf dessen Darstellung sich Simplicius bezieht. Er gab diese Lehre aber nicht als eine von ihm erfundene, überhaupt nicht als eine neue, sondern als ob dies nur der eigentliche Sinn der alten Centralfeuerlehre sei, so daß was anderen, neuern Forschern gehörte, jenen alten zugeeignet, d. h. dem Eigenthümer entzogen werden sollte *).

Anderseits suchte man durch ähnliche Künste den Pythagoreismus von solchen Lehren zu befreien, welche sich durch die Bestrebungen anderer, namentlich der Attiker, als unhaltbar erwiesen hatten. Dahin gehört die von Aristoteles so stark angefochtene Lehre von der Antichthon als einem unsichtbaren zehnten Planeten. Diese ältere Lehre war zur Zeit des Aristoteles aus demselben Grunde, wie das Centralfeuer, nicht länger zu behaupten: Was also thun? Den Irrthum einräumen? Mit nichten. Man machte daraus jetzt, erst jetzt, die andere Halbkugel; denn daß die älte-

*) Auf diese Weise würde sich denn auch der in Citaten öfters vorkommende Ausdruck: „Heraclides und die Pythagoreer" erklären; es blieb dunkel, was ihm, und was den Alten gehörte.

sten Pythagoreer, welche mit ihrem Meister allerdings eine Erdhälfte der Antipoden annehmen, für diese den Namen Antichthon gebraucht haben sollten, ist nicht nachzuweisen und in hohem Grade unwahrscheinlich, dagegen würde eine solche nachträgliche Umdeutung des Namens, um nur den Namen zu behalten, für nachplatonische Pythagoreer ganz in der Ordnung sein. Ist doch auch dies Centralfeuer kein Weltheerd mehr, nicht die Sonne erleuchtend und den Kosmos beherrschend, sondern eingesperrt in die Hohlkugel, ohne kosmische Bedeutung und astronomischen Sinn. Auf die Erfinder beider Lehren paßt das schöne Wort des Cicero, welcher von den philosophischen Freibeutern dieser Zeit sagt: ut reliqui fures earum rerum, quas ceperunt, signa commutant. de Fin. V, 25.

Die alten Pythagoreer haben unter der Antichthon, wie darüber gar kein Zweifel sein kann, einen besonderen Planeten verstanden — erst später, erst zwei bis drei Menschenalter nach Philolaus machte man aus ihr die andere Hemisphäre, oder, wie Simplicius im Verfolg der oben angezogenen Stelle angiebt, den Mond, also zu einer Zeit, wo man auch schon die Zehnzahl fallen ließ. Man that es um jene als falsch und unhaltbar erkannte Lehre wieder loszuwerden und doch das Wort zu behalten — also eine Unredlichkeit einerseits und anderseits eine kleinliche Rechthaberei. Konnte man gegen einen Irrthum eine glänzende Wahrheit eintauschen, so war das Geschäft um so vortheilhafter. Dies ist der Fall bei dem Centralfeuer: man entging der Verlegenheit es am Himmel nachzuweisen, und gewann die Rotation. Unmöglich nun können solche Lehren wirklich pythagoreisch sein, weil sie offenbar diebisch erlogen sind, sie sind nachplatonisch und könnten ganz wohl dem Heraclides gehören.

Ein solcher Heraclides hätte denn freilich aufgehört ein Rival des Platon zu sein; er könnte ihm den großen Gedanken der Achsendrehung noch weniger streitig machen als Hicetas, schon darum nicht, weil er später ist, nicht einmal sein Schüler, sondern seines Schülers Schüler, einer Zeit angehörig, da der Pythagoreismus weit entfernt war, irgend etwas Selbständiges hervorzubringen, sondern sich nur noch auf Lug und Trug legte. Mit seinem Genossen Ekphantus dürfte es sich denn wohl auf gleiche Weise verhalten, und es bedarf wohl keines Wortes mehr, wie unverdient die Ehre war, die auch ihm Copernicus erwiesen. Er scheint aber seinen Raub im übrigen nicht bloß an Platon, sondern zugleich an Demokrit begangen zu haben.

Wir sind mit Heraclides noch nicht zu Ende. Wenn er den Platon bestohlen hat, so wird er ihn zugleich auch herabzusetzen suchen. Simplicius hat uns in seinem Commentar zur Physik des Aristoteles (fol. 64 b.) eine kurze Stelle aus der Schrift des Heraclides von Pontus erhalten, welche anhebt: „Darum hat auch Jemand im Vorübergehen — *παρελθών τις* — gesagt, es könne die Anomalie der Erscheinung gerettet werden, wenn die Sonne stillstehe und die Erde sich bewege". Der statt des Namens hier gewählte Ausdruck muß wohl etwas Besonderes hinter sich haben. Es kann zugleich heißen: daß jene Aeußerung kurz und gelegentlich gemacht worden sei, und: daß es nahe gelegen diesen Gedanken zu fassen. Jedenfalls hat schon die bloße Umgehung des Namens hier etwas sehr Auffallendes und kann im Zusammenhange mit dem an Platon begangenen Plagiat wohl nur auf diesen bezogen werden. Das „Vorübergehend“ würde trefflich auf die Stelle im Timäus passen; Worte des Timäus aus dieser vielbesprochenen Stelle darf man aber nicht erwarten, weil damit das erforderliche Helldunkel sogleich fortfiele.

Wollte Heraclides den Platon herabdrücken, wollte er ihn verkleinern, so hat er seinen Zweck verfehlt, denn eine eigenthümliche Fügung der Dinge scheint vielmehr gewollt zu haben, daß eben dies Wort beitragen sollte, nach Jahrtausenden die verkannte Größe wieder herzustellen; es beweist nun eben, daß Platon der Urheber der großen Lehre sein müsse: der Diebstahl selbst führt den Beweis für den Besitz. Sobald man überhaupt nur zugiebt, daß jene Lehre vom Centralfeuer im Innern unseres Planeten und der um dies Centrum sich drehenden hohlen Erde keine den Pythagoreern organisch und ursprünglich angehörige, sondern nur eine nachträglich und unredlich erfundene sei, so liegt darin auch unmittelbar enthalten, daß diese späteren Pythagoreer sich in der wichtigen Lehre von der Achsendrehung der Erde überholt sahen, und die Beziehung auf Platon wird nicht zu verkennen sein. Zugleich liegt in diesem ganzen Zusammenhange die Bestätigung, daß Hicetas nicht die Achsendrehung gehabt haben könne; denn was die Pythagoreer ehrlich besessen, braucht kein Heraclides für sie zu stehlen.

Wir können hier den Heraclides nicht verlassen, ohne schließlich noch die Betrachtung anzubieten, daß er vielleicht nicht sowohl Betrüger, als vielmehr Betrogener war. Diogenes (V, 6) malt ihn uns ab: reich, eitel, prunkvoll, so daß er ὁ *Πομπικός* statt *Ποντικός* genannt wurde, überdies ein Vielschreiber, dem es mehr auf Form als Inhalt ankam, der aber in der Form dem Platon nachstrebte und wirklich darin ausgezeichnet war. Ein solcher Mann war ein vorzügliches Werkzeug, wenn Pythagoreer dem Platon etwas anhaben wollten; vielleicht wandte er, zurückgestoßen von echteren Platonikern, sich jenen zu, die ihn freigebig mit Stoff speisten, um die ungünstige Darstellung von pythagoreischer Philosophie aufzuwiegen, welche Aristoteles im Vergleich zu attischen Bestrebungen gab, ein Streit, der sich durch Jahrhunderte fortsetzt und auf Seiten der Neupythagoreer zu immer dreisteren Fälschungen Anlaß gab *).

Aber Heraclides und Autoren seiner Art bieten keinen Maaßstab für jene Pythagoreer, zu denen Platon sich nach Italien begab — Männer, welche dachten, aber nicht schrieben; ich meine den Archytas, den Timäus. Immer noch wäre möglich, daß Platon im Austausch mit diesen eine Anregung empfangen, und daß die Lehre von der Achsendrehung der Erde eben das Product eines solchen Contactes wäre. Die Erwähnung im Timäus könnte dieser Auffassung das Wort reden. Forscher von solcher Größe, wie es jedenfalls Archytas war, konnten den ursprünglichen Sinn der Centralfeuerlehre nicht verlieren, wie dies dem Philolaus begegnete; sie mußten festhalten, daß es dem Stillstand des Firsternhimmels gelte; aber um die Zeit des Parmenides, wie aus seiner Lehre von den Zonen hervorgeht, hatte man in Italien schon Kunde von der anderen Halbkugel und das Centralfeuer war unmöglich geworden. Falls nun diesen Pythagoreern nicht das ganze Problem

*) Man wolle vergleichen, was ich bei Gelegenheit der unächten Fragmente des Archytas hierüber zusammengestellt. S. 60.

verleidet war, so mußten sie dem zujauchzen, der sie von der tiefgefühlten Schwierigkeit befreite — besser und einfacher als jene alte Lehre es gekonnt hatte.

Wir könnten hier freigebig sein gegen die so schwer verkannten Pythagoreer, denn für Platon hoffen wir noch eine höhere Stufe zu behalten.

X.

In seinem Brief an Pabst Paul den Dritten, der seinem unsterblichen Werk als Einleitung dient, beruft sich Copernicus auf die Pythagoreer, insbesondere auf Philolaus und Hicetas *), in denen er die Vorgänger seiner Ansicht erkennt. Er thut ihnen, wie wir wissen, zu viel Ehre an, denn keiner von beiden lehrt die planetarische Bahn der Erde um die Sonne. Und doch ist es ganz gewiß, daß diese, die heliocentrische, die copernicanische Lehre schon im Alterthum vorhanden war. Copernicus schöpfte seine Nachricht über Philolaus aus dem Plutarch (den Placitis philosophorum III, 13); aus einer anderen Schrift des Plutarch, den platonischen Quästionen, hätte er die bessere Nachricht schöpfen können, daß Aristarch von Samos und Seleucus (von Erythrä) die Bewegung der Erde um die Sonne gelehrt; ja sogar aus einem anderen Buch derselben Schrift, welche er citirte: Placit. philos. II, 24. Die deutlichere Angabe liegt

*) Den er nach einer schlechten Lesart bei Cicero Nicetas nennt, so daß er mit dem gleichfalls bei Plutarch fälschlich genannten Οἰκέτης um so weniger identisch sein konnte.

freilich in einer Urkunde, welche erst einige Jahre nach des Copernicus Tode zum erstenmal gedruckt wurde, nämlich in der Schrift des Archimedes über die Zahl des Sandes (ψαμμίτης).

Wie günstig, daß der Ueberlieferer dieser wichtigen Nachricht gerade Archimedes ist, er, der größte Mathematiker des Alterthums. Allein die Schrift, in welcher er uns diese Nachricht giebt, gehört nicht zu denen, worin sich der Ernst und die Strenge seiner Wissenschaft zeigt, sie ist vielmehr ein geistreiches Spiel, das sich der Mathematiker mit unserer Phantasie erlaubt, um uns die Unendlichkeit der Zahl und die Tragweite seiner Combinationen fühlen zu lassen. Der Sand ist nicht unzählbar; er will ihn zählen; aber nicht nur den Sand um Syracus, in Sicilien, sondern auch den des ganzen Festlandes und des bewohnten sowohl als des unbewohnten. Und nicht bloß diesen, sondern eine Sandmasse gleich der ganzen Erde, alle Meere mit Sand ausgefüllt, und sogar gleichmäßig aufgehäuft rund umher bis zur Höhe der höchsten Berge. Und auch das noch nicht genug: die Zahl reicht weiter. Sie vermag auch den Sand zu zählen in einer Sandkugel, welche der Größe des ganzen Weltalls gleich ist, nach der Meinung der meisten Astronomen dies Weltall so groß angenommen, daß der Halbmesser der Kugel gleich ist der Linie, welche die Entfernung der Sonne von der Erde ausdrückt. Ja auch selbst wenn wir der Meinung des Aristarch von Samos über das Weltall folgen, wonach es vielfach größer ist, als nach der gewöhnlichen Vorstellung, auch dann noch wird die Zahl vermögend sein, von einer gleichgroßen Kugel Sandes die Anzahl der Körner auszudrücken!

Und welches ist nun die Ansicht des Aristarch von Samos über die Größe und den Bau des Weltalls? Hören wir hier die eigenen Worte des Archimedes.

„Er nimmt nämlich an, die Firsterne und die Sonne wären unbeweglich, die Erde aber werde in einer Kreislinie um die Sonne, welche inmitten der Bahn steht, herumgeführt. Die Kugel der Firsterne nun, mit der Sonne um einerlei Mittelpunkt liegend, habe eine solche Größe, daß der Kreis, in welchem er die Erde sich bewegen läßt, zur Entfernung der Firsterne sich gerade so verhalte, wie der Mittelpunkt der Kugel zur Oberfläche".

Und im Originaltext: *Ὑποτίθεται γὰρ τὰ μὲν ἀπλανῆ τῶν ἄστρων, καὶ τὸν ἅλιον μένειν ἀκίνητον· τὴν δὲ γῆν περιφέρεσθαι περὶ τὸν ἅλιον κατὰ κύκλου περιφέρειαν, ὅς ἐστὶν ἐν μέσῳ τῷ δρόμῳ κείμενος τὰν δὲ τῶν ἀπλανῶν ἄστρων σφαῖραν περὶ τὸ αὐτὸ κέντρον τῷ ἁλίῳ κειμέναν, τῷ μεγέθει ταλικαύταν εἶμεν, ὥστε τὸν κύκλον, καθ' ὃν τᾶν γᾶν ὑποτίθεται περιφέρεσθαι, τοιαύταν ἔχειν ἀναλογίαν ποτὶ τὰν τῶν ἀπλανῶν ἀπόστασιν, οἵαν ἔχει τὸ κέντρον τᾶς σφαίρας ποτὶ τὰν ἐπιφάνειαν.*

Auch die Zweifelsucht selbst kann in diesen klaren Worten das heliocentrische System nicht verkennen: die Sonne ist Mittelpunkt, die Erde bewegt sich in einer Kreisbahn um dieselbe — und dann ferner: der Durchmesser dieser Bahn ist im Verhältniß zur Entfernung der Firsterne so verschwindend, daß er angesehen werden kann wie der Mittelpunkt zu jener unendlich entfernten Kugel des Firsternhimmels. Wir werden weiterhin Gelegenheit haben uns zu überzeugen, daß dieser zweite Satz allerdings wesentlich zur Vollständigkeit der heliocentrischen Ansicht ist.

Archimedes ist wahrscheinlich um 287 vor unserer Zeitrechnung geboren, er fand seinen Tod bei der Eroberung von Syracus im Jahr 212 v. Chr.; Aristarch von Samos aber ist noch zum Theil sein Zeitgenoß, denn, wie Ideler beibringt, beobachtete er, nach Ptolemäus, im Jahr 280 v. Chr. das Sommersolstitium. Es ist uns von Aristarch eine Schrift erhalten worden: „Ueber die Größen und Abstände der Sonne und des Mondes" — περὶ μεγέθων καὶ ἀποστημάτων ἡλίου καὶ σελήνης. — Auf diese Schrift bezieht sich Archimedes im Folgenden; aber gerade diese Nachricht über das heliocentrische System wird darin nicht angetroffen. Daß aber Archimedes sich auch hier wirklich auf eine ihm vorliegende Schrift bezog, wird um so wahrscheinlicher, als er in den Worten, welche unmittelbar den vorhin angeführten folgen, den Ausdruck des Aristarch tadelt, als sei es nicht mathematisch richtig von einem Verhältniß des Mittelpunkts zur Kugel zu sprechen, denn zwischen beiden existire der Größe nach gar kein Verhältniß, weil nämlich die Oberfläche im Vergleich zum Mittelpunkt unendlich groß, dieser im Vergleich zu jener unendlich klein sei. Seine Worte lauten in der Uebersetzung: „Das ist aber offenbar unmöglich, denn da der Mittelpunkt der Kugel keine Größe hat, so muß angenommen werden, daß er gar kein Verhältniß zu ihrer Oberfläche habe. Es ist deshalb anzunehmen (ἐκδεκτέον), Aristarch habe sagen wollen, indem wir die Erde ja gleichsam als den Mittelpunkt der Welt betrachten, es verhalte sich die Erde zu dem, was ich Welt genannt habe, wie die Kugel, zu welcher der Kreis gehört, den nach seiner Annahme die Erde beschreibt, zur Kugel der Fixsterne. Mit dieser Annahme der Erscheinung stimmt denn auch seine

Darstellung (*τὰς ἀποδείξιας, τῶν φαινομένων οὕτως ὑποκειμένων, ἐναρμόζει*); insbesondere setzt er die Größe der Kugel, in welcher er die Erde sich bewegen läßt, demjenigen gleich, was wir die Welt genannt haben *).

Der sachkundige Uebersetzer der Werke des Archimedes, Ernst Nizze, dessen Uebersetzung ich aber doch nicht in allen Punkten habe folgen können, sagt uns in einer Anmerkung: man dürfe nicht meinen, Archimedes tadle und verwerfe die ganze Ansicht des Aristarch, er rüge nur einen Ausdruck als mathematisch ungenau; ob Aristarch in seiner Behauptung Recht habe oder nicht, lasse Archimedes völlig unentschieden, weil es nicht hieher gehörig sei. Es dürfte nicht schwer sein dem beizustimmen; dagegen wäre es um so interessanter, hier die eigne Ansicht des Archimedes zu erfahren, als berichtet wird, er habe selbst ein Planetarium erfunden, eine bewegliche Maschine, welche die Bewegungen der Himmelskörper im Modell vor Augen stellen sollte **).

Aber vielleicht lassen sich noch andere Folgerungen ziehen aus dem Ton der Stelle, und aus der ganzen Art und Weise, wie Archimedes sich über die Ansicht des Aristarch vernehmen läßt. Während auf der einen Seite klar ist, daß dem Archimedes die ipsissima verba des astronomischen Autors vorgelegen haben müssen, weil er sonst nicht an seinem

---

*) An dieser Stelle bedarf der Text einer leichten Aenderung. Die Oxforder Ausgabe von 1676 giebt: *καὶ μάλιστα φαίνεται τὸ μέγεθος τᾶς, σφαίρας, ἐν ᾇ ποιεῖται τὰν γὰν κινουμέναν, ἴσον ὑποτίθεται τῷ ὑφ' ἁμῶν εἰρημένῳ κόσμῳ.* Es wird gelesen werden müssen: *ὑποτίθεσθαι.*

**) Aehnliches wird von dem Stoiker Posidonius berichtet. Cic. de nat. deor. II, 34.

Ausdruck tadeln konnte, scheint doch auf der andern Seite hervorzugehen, daß Aristarch sich weder vollkommen deutlich, noch sehr ausführlich über diese Sache ausgesprochen, denn wie hätte Archimedes sonst noch unterhandeln können, wie er zu verstehen sei. Hieraus scheint denn aber wiederum sehr einfach zu folgen, daß die dem Archimedes vorliegende Schrift unmöglich die Darstellung des heliocentrischen Systems als Hauptgegenstand enthielt, um welchen sich die gesammte Untersuchung drehte, sondern es ist mehr als wahrscheinlich, daß diese Frage oder Ansicht darin nur in untergeordneter Reihe vorkam, etwa so, daß die Hauptuntersuchung auch hier über Entfernungen, über die Größe der Welt gewesen wäre.

Ferner scheint hervorzugehen, daß die Vorstellung des heliocentrischen Systems zur Zeit des Archimedes keine geläufige war, weder in Syracus, noch überhaupt, und hieraus darf denn wiederum geschlossen werden, daß keiner der älteren Pythagoreer, keiner von den Pythagoreern, welche zu Platons Zeit sich mit kosmischen Systemen so lebhaft beschäftigten, auf diese Ansicht verfallen sei. Archimedes setzt die Ansicht des Aristarch gegenüber „der unsrigen" und damit muß gemeint sein, was gelehrten Männern damals in Alexandria und Syracus galt; außerdem hatten aber damals alle jene Verhältnisse bereits aufgehört, welche etwa aus religiösen Gründen besondere Zurückhaltung erfordern konnten. Auch scheint Archimedes sich nirgend sehr lebhaft für das heliocentrische System interessirt zu haben, denn wäre das, so mußte seine Autorität bei den späteren Astronomen dieser Ansicht gewiß eine viel größere Aufmerksamkeit verschafft haben — zumal wenn sein Planetarium heliocentrisch gewesen sein sollte.

Es kommt jetzt darauf an, uns noch anderwärts umzusehen nach Angaben über Aristarch und das ihm beigelegte neue System. Da treten uns sogleich als sehr bemerkenswerth zwei Stellen bei Plutarch entgegen.

Die erste Stelle (de facie in orbe lunae cap. 6) enthält die Nachricht, der Stoiker Kleanthes habe gemeint, Aristarch von Samos müsse der Gottlosigkeit (*ἀσεβείας*) angeklagt werden, weil er die Hestia der Welt bewege (*ὡς κινοῦντα τοῦ κόσμου τὴν ἑστίαν*) weil der Mann, um die Erscheinung zu retten, annahm, der Himmel stehe fest, es drehe sich aber die Erde in einem schiefen Kreise, indem sie zugleich um ihre eigene Achse rotire — *ὅτι τὰ φαινόμενα σώζειν ἀνὴρ ἐπειρᾶτο, μένειν τὸν οὐρανὸν ὑποτιθέμενος, ἐξελίττεσθαι δὲ κατὰ λοξοῦ κύκλου τὴν γῆν, ἅμα καὶ περὶ τὸν αὑτῆς ἄξονα δινουμένην.*

Es ist zunächst recht auffallend, aus dieser Stelle zu ersehen, daß es selbst noch in so später Zeit religiöse Fanatiker in Griechenland gab, welche astronomische Ansichten mit der Anklage der Irreligiosität und Ruchlosigkeit bedroht wissen wollten, zum sicheren Zeichen, daß früher, als Priesterthum und Demokratie in Griechenland mächtiger waren, auf solche Verfolgung neuer kosmischer Anschauungen noch viel eher zu rechnen ist, wovon wir auch überall den Beweis zwischen den Zeilen lesen.

Sodann ist diese Nachricht sehr schätzbar, weil sie in bestimmten Worten die Angabe enthält, daß Aristarch von Samos nicht nur die Sonne zum Mittelpunkt und die Erde zum Planeten gemacht, sondern daß er zugleich auch die Rotation der Erde um ihre Achse lehre, also der Erde eine doppelte Bewegung, die planetarische und die Achsendrehung zuschreibt, wodurch denn allerdings das System erst vollständig wird. Die Achsendrehung, welche sich schon im Timäus des Platon findet, ist also hier beibehalten. Ob übrigens Aristarch die schräge Stellung der Erdachse gelehrt habe, ist leider aus der Stelle nicht zu ersehen, denn die Worte κατὰ λοξοῦ κύκλου beziehen sich auf die Ebene der planetarischen Erdbahn in Beziehung auf den Horizont. Es bliebe ferner noch ein fraglicher Punkt, nämlich, ob denn Aristarch auch den Mond zum Trabanten der Erde gemacht? Es wäre wohl anzunehmen. Eine ausdrückliche Nachricht fehlte, vielleicht aber wäre eine Andeutung in den Worten zu finden, mit denen Plutarch unmittelbar fortfährt in der oben angeführten Stelle. Es heißt: „Wir sagen nichts aus unserer Ansicht, jene aber, welche die Erde für den Mond nehmen“ — nämlich für den Mond der Sonne — diese, so möchte man folgern, müßten alsdann den Mond zu einem Planeten zweiten Ranges, d. h. zu einem Trabanten machen.

Die andere Stelle ist kurz und gelegentlich, aber doch deutlich und bestimmt; in den Placitis philos. II, 24 und gleichlautend bei Stobäus Eclog phys. p 534 lesen wir, wo von der Ursache der Sonnenfinsterniß die Rede ist, die Worte: Ἀρίσταρχος τὸν ἥλιον ἵστησι μετὰ τῶν ἀπλανῶν, τὴν δὲ γῆν κινεῖ περὶ τὸν ἡλιακὸν κύκλον. Hier ist die Auffassung, daß die Sonne einer der Fixsterne sei, noch von besonderem Interesse. Es entsteht nun freilich die Frage, ob, wie Archimedes es ansieht, die Sonne gedacht wird als Mittelpunkt einer Kugel des Fixsternhimmels, oder ob vielmehr die Fixsterne in verschiedenen Entfernungen angenommen werden, vertheilt durch den unendlichen Raum, so daß auch in dieser Rücksicht die Sonne ihnen gleich stehen kann. Das letztere ist an sich das wahrscheinlichere und erhält dadurch Bestätigung, daß Seleucus von Erythrä, welcher die Ansicht des Aristarch theilt, ausdrücklich, mit Heraclides von Pontus die Unendlichkeit des Himmels lehrt. Stob. Eclog. p 440. Die Angabe der Rotationsbewegung fehlt in der Stelle der Placita, was nicht befremden darf, da nur für die Erklärung der Sonnenfinsterniß der Grund angegeben werden soll.

Eine dritte Stelle befindet sich in den platonischen Quästionen (VIII). Plutarch will untersuchen, ob Platon in der bekannten Stelle des Timäus die Erde stillstehend annehme, oder bewegt — „wie später Aristarch und Seleucus zeigten, der eine diese Meinung nur als Hypothese aufstellend, der andere aber sie beweisend" — *ὡς ὕστερον Ἀρίσταρχος καὶ Σέλευκος ἀπεδείκνυσαν· ὁ μὲν ὑποτιθέμενος μόνον, ὁ δὲ Σέλευκος καὶ ἀποφαινόμενος.*

Hier wird uns außer dem Aristarch noch ein zweiter genannt, welcher die Ansicht nicht nur fortgebildet, sondern, was mehr sagen will, auch bewiesen habe. In solchem Sinn sind denn die beiden genannten in alle hieher gehörigen Schriften übergegangen, namentlich in die von Boeckh und Ideler. Ersterer sagt im Philolaus S. 122: „Erst im alexandrinischen Zeitalter endlich stellte Aristarch von Samos das copernicanische System hypothetisch, und nach ihm Seleucus von Erythrä als wahr auf". Dieser Ausdruck kann Anstoß erregen, aber was die Nachricht selbst, und die eigenen Worte des Plutarch anlangt, so scheinen auch sie mir keineswegs ohne Bedenken.

Wenn man die Sache von unserem höheren Standpunkt aus ins Auge faßt, so ist schwer zu begreifen, was Seleucus hier vor Aristarch vorausgehabt haben könnte. Eine Hypothese ist die Ansicht ihrer Natur nach; dies war sie auch noch bei Copernicus, ja das ist sie noch heute. Allein erst von Keplers und Newtons Zeiten an begann diese Hypothese sich so glaubhaft zu machen, daß sich's jetzt wohl getrost darauf leben und sterben läßt. Dem Alterthum indessen fehlten die Mittel zu ihrem speciellen Beweis noch gänzlich; das ganze Verdienst liegt in der Einsicht von der Möglichkeit einer solchen Umkehrung, wodurch die Sache sich sehr vereinfacht und in die regellose Erscheinung Gesetz, Ordnung, Symmetrie kommt. Dies ist aber jedenfalls nur eine allgemeine Anschauung, kein mathematischer Beweis.

In dieser Rücksicht konnte es Seleucus dem Aristarch nicht zuvorthun, und alles fehlt daran, daß zwischen beiden das gewöhnliche Verhältniß von Hypothese und Beweis, oder, wie Boeckh will, von Hypothese und Wahrheit stattgefunden hätte. Dies ist nach der Lage der Sache selbst schlechthin unmöglich, und es ist wohl kaum nöthig daran zu erinnern, daß, falls dem Seleucus wirklich ein Beweis gelungen wäre, die nachfolgende wissenschaftlich strenge Astronomie des Hipparch und Ptolemäus nicht so hartnäckig bei der alten Ansicht verblieben wäre. Auch nach Copernicus konnte es noch einen Tycho Brahe geben, der bei den Epicykeln blieb und die Erde sich nicht bewegen ließ; aber nach Kepler und Newton war die alte Ansicht nicht mehr zulässig. Wahrlich wäre es ein gewaltiger Anachronismus in der Geschichte der Wissenschaft, wenn wir einen solchen Standpunkt dem Seleucus einräumen, und ihn dadurch Jahrtausende weit von seinem unmittelbaren Genossen trennen wollten!

Ich vermuthe nun, daß hier ein Mißverständniß im Spiel sei, und zwar, daß wir es gar nicht mit Worten des Plutarch zu thun haben. Durch ein Mißverständniß scheint mir der Ausdruck, der hier auf Hypothese gedeutet wird — ὑποτιθέμενος — hieher gekommen zu sein. Wir fanden ihn in der erwähnten Stelle des Archimedes, aber freilich in ganz anderem Sinne. Archimedes bedient sich vom Aristarch des Ausdrucks Hypothese — ὑποθεσίων — ὑποτίθεται γάρ — allein gar nicht so, daß diese Hypothese von einem andern bewiesen sei, überhaupt nicht im Gegensatz zum Bewiesenen und Wahren, sondern nur sofern diese Ansicht abweicht von der unmittelbaren Anschauung. Diesen selben Gebrauch finden wir auch durchgängig bei Ptolemäus, alle seine Epicykeln und Excentern werden Hypothesen genannt, und wir haben eine besondere Schrift von ihm, welche den Titel Hypothesen führt, womit er sicherlich keinen Gegensatz gegen das Wahre oder auch nur Bewiesene bezeichnen will, im Gegentheil hebt er überall hervor, daß nur so allein die Erscheinung erklärt, gerettet werden könne.

Aber es brauchte jenes ὑποτιθέμενος nicht einmal so weit hergeholt zu werden, es war im Plutarch selbst zu finden, und zwar in eben jener anderen Stelle, welche von Aristarch handelt, woselbst es heißt: μένειν τὸν οὐρανὸν ὑποτιθέμενος. Hier ist nun der Ausdruck auch nur in dem eben besprochenen Sinn und ohne Gegensatz zur Beweisführung gebraucht, und konnte nur mißverständlich dahin umgedeutet werden, natürlich nicht von Plutarch selbst, sondern von einer fremden Hand, welche in einer Randglosse ihre Belesenheit zeigen wollte. Für eine Randglosse in der That halte ich den Satz ὁ μὲν — ὁ δὲ — und der Beweis scheint mir eben darin zu liegen, daß dieser eingeschobene Satz mit dem Hauptsatz sogar m Widerspruch steht: denn dort heißt es: wie Aristarch und Seleucus zeigten, darthaten, ἀπεδείκνυσαν — wobei denn die nähere Bestimmung, der eine hätte nur vermuthet, der andere aber bewiesen, völlig widersinnig ist. Setzt man ὑποτιθέμενος und ἀποφαινόμενος in Gegensatz, so möchte ich wissen, wie letzteres sich von ἀπεδείκνυσαν unterscheiden soll, das doch von beiden gesagt war. Nach dem logischen Gebrauch des letzteren Wortes müßte es sogar das stärkere sein. Hienach wäre denn wohl die Annahme einer Interpolation, einer in den Text gekommenen Randglosse, das Einfachste, um den Widersinn zu entfernen und den Sinn zu retten; jedenfalls aber läßt sich aus dieser Stelle nicht folgern, was daraus gefolgert worden, daß nämlich Aristarch die Ansicht als Hypothese aufgestellt, und Seleucus sie bewiesen, begründet habe. Wir müßten sonst auch wohl mehr von Seleucus wissen, als der Fall ist *).

Wenn nun das Verdienst des Seleucus bisher viel zu hoch angeschlagen worden, so fragt sich, ob Aehnliches nicht auch schon mit Aristarch geschehen. Der beste Gewährsmann

*) Wir wissen nichts Genaueres über Seleucus, weder seine Zeit, noch seinen Geburtsort und auffallend ist, daß Plutarch ihn nur in dieser einen Stelle neben Aristarch nennt. Er wird bei Stobäus (Eclog. p. 440) ein Erythräer genannt, allein es giebt verschiedene Erythrä. Strabo (XVI, 1) nennt uns auch einen Seleucus aus Seleuzea, der Mathematiker und Sternbeobachter gewesen, aber bei der großen Häufigkeit dieses Namens und dem Mangel an jedem bestimmteren Anhalt würde es wohl gewagt sein, daraus folgern zu wollen, zumal da der Schriftsteller im dritten Buch beide neben einander nennt. Stobäus dagegen nennt ihn unmittelbar zusammen mit Heraclides von Pontus und giebt ihm die pythagoreische Lehre von der Unendlichkeit des Himmels.

für ihn ist Archimedes, und der, wie gezeigt worden, läßt zwar deutlich abnehmen, daß ihm die Schrift des Aristarch vor Augen gelegen, aber er läßt zugleich auch durchschauen, daß nur ein Passus jener Ansicht von der Sonne im Mittelpunkt und der um sie planetarisch bewegten Erde gedachte. Wenn das die eigene Ansicht des Aristarch war, sollte er sie dann nicht mit mehr Liebe, mit mehr Ausführlichkeit behandelt haben? Dazu kommt, daß das Zeitalter des Aristarch gar nicht das der Hypothesen, sondern auch schon das der inductiven Forschung ist, der Beobachtung und Rechnung, wie dies auch seine erhaltene Schrift zeigt. Großartige kosmische Hypothesen sind viel eher einer früheren Zeit zuzutrauen, etwa den Zeitgenossen des Sokrates und des Platon.

Und doch scheinen uns die Mittel zu verlassen, um diese bedeutendste von allen kosmischen Anschauungen in eine bestimmte Zeit zu verweisen, und an einen bestimmten Namen zu knüpfen, so daß sich danach ihre Stelle in der Entwickelungsreihe festsetzen ließe. Aristoteles gedenkt der Achsendrehung im Timäus und der Theorie des Eudoxus, woraus die Epicykel wurde; aber er weiß nichts von dem Gedanken, daß die Sonne ein Fixstern und der Centralkörper unseres Systems sei.

XI.

Wir kehren jetzt noch einmal auf Platon zurück, um in der Kürze zu betrachten, wie seine verschiedenen Anschauungen vom Weltgebäude sich der Geschichte griechischer Astronomie einreihen, und dann um eine Meldung, welche wir früher fallen lassen mußten, jetzt schließlich wieder aufzunehmen.

In jenem Dialog, welcher wohl ein Anrecht hat, für den frühesten gehalten zu werden, im Phädrus, begegnen wir einer Ansicht des Platon, in der wenig Eigenthümliches zu suchen ist: es ist die alte ionische, und daß Platon derselben huldigt, darf nach seinem Zusammenhange mit der Schule des Heraclit, durch welche er, nach Aristoteles Zeugniß, als Jüngling hindurchgegangen, gewiß nicht befremden. Wäre wirklich außerdem eine Anspielung auf das Centralfeuer in dem Dialog enthalten, so hat die Bekanntschaft mit der Lehre des Philolaus um jene Zeit in Athen gewiß auch nichts Auffallendes. Uebrigens scheint Hestia auch von der Erde gebraucht werden zu können, wie aus der vorhin angezogenen Stelle des Plutarch (de facie lunae p. 923 A) hervorgeht.

Im Phädon finden wir dann die freischwebende Erdkugel,

durch das bloße Gleichgewicht inmitten der Welt gehalten, aber ruhend. Hier ist pythagoreischer Einfluß, es ist dies die Meinung des Pythagoras, das, worin alle Pythagoreer, aber nicht einmal die späteren Jonier ihm folgten. Platon hat wahrscheinlich in Athen nicht wenig dazu beigetragen, dieser Auffassung, welche auch schon so stark dem unmittelbaren Sinnenschein widerspricht, den Sieg zu verschaffen, namentlich zunächst bei seinen Schülern und unter diesen wohl auch bei dem Aristoteles. Aber wenn letzterer dabei stehen blieb, so blieb Platon es nicht; mit unermüdlicher Geisteskraft setzte er seinen Weg fort.

In der Republik begegnet uns das Bestreben, die Himmelserscheinung dadurch zu erklären, daß den Himmelssphären um die allgemeine Weltachse eine verschiedene Bewegung zugeschrieben wird, der des Fixsternhimmels eine andere und zwar schnellere, als denen der Planeten, um nämlich auf diese Weise die rückgängige Bewegung der Planeten zu erklären. Diese Ansicht setzt immer noch die vorige voraus, die inmitten aller concentrischen Sphären ruhende Erde; sie ist nur eine Ausbildung von jener in ionischer Weise.

Wir haben dargelegt, wie aus dieser kosmischen Anschauung des Platon die in einander beweglichen Sphären des Eudorus mit verschiedenen Achsen hervorgingen, hervorgehen mußten, weil der Astronom von Fach, gegenüber der ihm genauer bekannten Erscheinung sich lieber zu einer schwierigern, der Phantasie weniger behagenden Vorstellung entschloß, um nur der Erscheinung gerecht zu werden. Es ist hier also wieder das Uebergewicht inductiver Elemente, der herrschend werdende Geist der folgenden inductiven Periode der Wissenschaft, welcher denn fürs erste die Philosophie ganz zurückdrängt. Es ist auch ferner schon angedeutet worden, daß durch diese Ausbildung die ursprüngliche Auffassung des Platon vernichtet werden mußte; es galt entweder jene einfache Anschauung in eine viel complicirtere, unorganische zu verwandeln, oder aber in offenen Widerspruch mit der Erscheinung zu treten. Wir treffen gewiß nicht fehl, wenn wir annehmen, Platon werde keins von beiden gewollt haben. Alsdann mußte er aber diese Vorstellung ganz aufgeben, und sich selbständig einer anderen zuwenden.

Diese finden wir nun im Timäus: es ist die Achsendrehung der Erde. Die Achsendrehung ist auch nur eine Ausbildung der Grundvorstellung, in welcher Platon dem Pythagoras folgte, aber eine Ausbildung nach entgegengesetzter Richtung wie seine Sphärenlehre. Die Achsendrehung verträgt sich nicht nur mit der im Mittelpunkt freischwebenden Erde, sondern wird vielmehr von dieser als die natürliche Ergänzung gefordert, wie denn Ptolemäus anführt, (s. oben) man habe für die frei im Weltraum befindliche Erde entweder einen Stützpunkt oder eine Bewegung verlangt, so daß denn die Bewegung erst die Lehre vom Gleichgewicht vollenden würde. Dagegen wird von der Achsendrehung jene Sphärenbewegung ausgeschlossen; Platon mußte, um seine Lehre im Timäus auszusprechen, die in der Republik bereits aufgegeben haben, und das konnte, wie gezeigt worden, ihm nicht schwer werden.

Gewiß bedurfte Platon zu dieser Lehre keines Vorgängers, sondern er hat an dieser Stelle, seiner selbständigen Entwickelung nach, sehr natürlich und fast unvermeidlich darauf kommen müssen. Jene Einfachheit, welche Platon in der Sphärentheorie suchte und nicht fand, diese und zugleich den unendlich geringeren Kraftaufwand brachte die Achsendrehung ihm doppelt zurück. Mit Einer gewaltigen Umkehrung hatte man dem einfachen Wesen der Dinge sich um ein Großes genähert. Und doch war auf diesem Punkt kein Stillstand; groß war die erlangte neue Einsicht, aber nur noch größer der Trieb nach vorwärts.

Die Achsendrehung erklärt das Phänomen, aber nicht das ganze, sondern nur Eine Erscheinung, nur die tägliche Drehung des Fixsternhimmels. Die übrigen Phänomene erklärt sie nicht etwa zum Theil und annähernd, sondern läßt sie ganz unberührt. Das Phänomen der Planetenläufe bleibt durch diese Hypothese völlig unerklärt, es bleibt als ein besonderes ungelöstes Problem dastehen, so wie man auch schon früher die allgemeine Bewegung des Himmels davon trennen gelernt hatte.

Es ist also anzunehmen, daß Platon von dieser Lehre der Achsendrehung, so wie er sie einmal gefaßt, nicht wieder zurückkam; wohl aber trieb diese Ansicht ihn mächtig vorwärts zu einer ferneren Theorie. Platon konnte hier nicht stehen bleiben, wofern noch Lebens- und Gedankenkraft in ihm übrig war. Wie wir wissen, gehört sein Timäus zwar seinen reiferen Jahren an, aber keineswegs seinem höheren Alter. Es wäre also wohl nicht wahrscheinlich, daß er hier, auf halbem Wege, seine kosmische Anschauung abgeschlossen haben sollte.

Jetzt kommen wir an einen der schwierigsten, aber auch freilich der interessantesten Punkte; jetzt gilt es jene Fäden wieder aufzunehmen, welche wir im Beginn dieser Betrachtungen fallen ließen.

Es ist bereits erwähnt worden, was uns Plutarch an

zwei Stellen berichtet, daß nämlich Platon im höheren Alter seine kosmische Ansicht geändert habe, daß er der Erde nicht mehr den Platz in der Mitte des Ganzen gelassen, sondern daß er diesen Platz „einem anderen, besseren Gestirn" eingeräumt habe. Dies meldet uns Plutarch, ohne aber über dies bessere Gestirn selbst eine Andeutung zu geben. An der einen Stelle, im Leben des Numa (cap. 11) könnte man aus dem Zusammenhange auf das Centralfeuer verfallen, weil er von diesem eben unmittelbar vorher gesprochen; ganz anders dagegen ist es in den platonischen Quästionen (cap. 8), denn hier erwähnt er derselben Meinungsänderung im Alter des Platon, nachdem er unmittelbar vorher von dem heliocentrischen System des Aristarch von Samos gesprochen, so daß es hier allerdings ganz den Anschein hat, als sei die Meinung des Platon auch, der Sonne die Stellung im Mittelpunkt zu geben, nicht aber dem pythagoreischen Centralfeuer. Sehr werthvoll ist noch, daß hier die Autorität genannt wird, welcher Plutarch jene Nachricht verdankt — Theophrast, der Schüler des Aristoteles, von dem es auch eine Geschichte der Astronomie gab. Daß gerade der Schüler des Aristoteles uns die Kunde zuführt, kann nun auch am besten das Bedenken entfernen, daß Aristoteles dieser Ansicht des Platon mit keinem Wort gedenkt — ein speciellerer Grund wird sich aber hiefür auch noch herausstellen.

Plutarch, der in der ganzen Stelle die planetarische Bewegung der Erde von der Rotation nicht unterscheidet, giebt uns nun auch keine Kunde, ob Platon auch neben jener diese Bewegung noch beibehalten habe, wie wir denn wissen, daß Philolaus nur die planetarische Bewegung hatte, ohne die Achsendrehung. Allein es liegt in der Sache selbst, wie wir dies bereits dargestellt haben, daß beides sich nicht trennen läßt. Aristarch von Samos und Seleucus hatten beide Bewegungen, und eben so mußte auch Platon beides haben, wenn er überhaupt die planetarische Bewegung hatte. Er hatte aber, wenn wir nicht falsch argumentirt haben, die Achsendrehung früher, und daß er diese aufgegeben haben sollte neben der planetarischen ist gar nicht anzunehmen; letztere ist vielmehr erst die geforderte Ergänzung zu jener Hypothese.

Aber noch immer bleibt die Hauptfrage zu entscheiden, was denn das Centrum, jenes bessere Gestirn, sei, ob das Centralfeuer oder die Sonne? Diese Frage ist bereits entschieden — für alle Denkenden nämlich, die mit Aufmerksamkeit unseren Argumentationen gefolgt sind. Platon kann das Centralfeuer nicht lehren, weil er die Achsendrehung lehrt. Die Lehre des Philolaus, die Auffassung aller, welche das Centralfeuer lehren, setzt nothwendig voraus, daß man die Achsendrehung noch nicht kenne, es ist die Vorstufe der Achsendrehung, das Surrogat. Von der Achsendrehung konnte man nicht mehr zurück zum Centralfeuer, denn wo ist es? Von der Achsendrehung konnte man nur noch vorwärts zum vollständigen heliocentrischen System, welches auch allein die größte Einfachheit gewährt, und mit den Erscheinungen stimmt. Platon war bereits um mehr als Ein Stadium über Philolaus hinaus, selbst seine Sphären mit verschiedener Geschwindigkeit der Drehung waren schon ein Versuch, das System des Philolaus durch ein besseres zu ersetzen; vollends nun die Achsendrehung! Endlich gab es auch noch eine andere Vorbereitung des heliocentrischen

Systems, welche zwar nicht in Griechenland liegt, aber dem Platon sehr wohl von außen zukommen konnte — wovon weiter unten.

Die Kunde von Platons letzter kosmischen Vorstellung danken wir nur einer indirekten Nachricht; nicht seiner eigenen Darstellung in einem seiner Werke. Wie sehr müßten wir es schätzen, wenn wir in einer platonischen Schrift über diese seine spätere, und dürfen wir wohl sagen, reifere Ansicht von dem Weltgebäude auch nur irgend eine Andeutung finden könnten. Wir müßten eine solche natürlich in seinen spätesten Werken suchen. So sehr uns auch das Genauere über die Chronologie der platonischen Dialoge fehlt, so haben wir doch eine Angabe über den ersten Dialog (bekanntlich bei Diogenes) und nicht minder steht durch sich selbst fest, daß wir in den Gesetzen des Platon die späteste Schrift dieses Philosophen besitzen, die er in seinem höheren Alter geschrieben haben muß. Es findet sich hier eine erhebliche Umbildung seiner gesammten früheren Lehre, die auf mehr als einem Punkt sich als eine neue, höhere, reifere Staffel ankündigt.

In dieser spätesten Schrift des Platon nun finden wir allerdings eine Stelle, in welcher er auch auf Astronomisches zu sprechen kommt. Wie sehr müssen wir gespannt sein auf ihren Inhalt, namentlich, ob er etwas von dem einschließt, was Plutarch uns von Platons späteren astronomischen Ansichten meldete. Die Stelle ist freilich nur gelegentlich, nur kurz und abgebrochen — wie es scheint absichtlich abgebrochen, absichtlich verhüllt und verschleiert. Platon selbst macht uns darauf aufmerksam, er sucht uns zu spannen, er nimmt eine feierliche Miene an, aber er spricht räthselhaft, und gerade als wir den Aufschluß erwarten, geht er schnell über zu etwas anderem.

Diese sehr merkwürdige, aber nicht genug, oder so gut als gar nicht beachtete Stelle findet sich im 7. Buch der Gesetze p. 822. Die Astronomie wird hier angesehen als etwas, das unmittelbar mit der Lehre vom höchsten Gott zusammenhänge, worüber aber zur Zeit noch ganz irrige Vorstellungen herrschten. Das Wahre, das sich davon wissen lasse, sei aber nicht sowohl für die älteren Männer, als vielmehr für die Jugend zu lernen. Die Lehre sei wunderbar; nicht leicht, und doch auch nicht schwer, noch bedürfe sie einer langen Darstellung. Sie wird aber ein Paradoxon genannt, sie wird genannt: ein großes Wunder und nimmermehr zu ertragen — *καὶ μὴν θαῦμά γε περὶ αὐτά ἐστι μέγα καὶ οὐδαμῶς οὐδαμῇ ἀνεκτόν.* Es werden dem athenischen Fremdling, welcher die Rede führt, die Worte in den Mund gelegt: Wenn die Lehre so wunderbar und nur für Jünglinge sei — auch diese Wiederholung ist zu beachten — wenn er nicht alles mittheilen könne, so solle er wenigstens nur etwas sagen, (*τό γε τοσοῦτον*), dieses aber auch genau: *ὡς σαφέστατα.* Jener sagt: er wolle es versuchen. So erfahren wir denn endlich folgendes: „Die Lehre, daß der Mond, die Sonne und die übrigen Gestirne irren, ist nicht richtig, sondern es verhält sich damit ganz umgekehrt; denn jedes dieser Gestirne macht beständig denselben Weg, und nicht viele Wege, sondern geht beständig im Kreise nur einen Weg, scheint aber viele zu gehen. Dasjenige Gestirn aber, welches in der That den schnellsten Gang hat, wird fälschlich für das langsamste gehalten, und umgekehrt". Dann fährt er fort: Wenn wir nun so urtheilten, so machten wir denselben Fehler, als wenn wir bei den olympischen Wettläufen einen falschen für den Sieger halten, und dem Besiegten das Siegeslied singen wollten.

Die Stelle lautet in der Uebersetzung so: Der athenische Fremdling. Ich will es versuchen. Die Lehre nämlich über den Mond und die Sonne und die übrigen Gestirne, daß sie irren, ist, o Freunde, nicht richtig, sondern es verhält sich damit ganz umgekehrt; denn jedes derselben beschreibt immer denselben Weg, nicht viele, sondern immer einen im Kreise, es scheint aber viele zu beschreiben. Das schnellste derselben wird aber mit Unrecht für das langsamste gehalten, und umgekehrt. Wenn dies sich nun so verhält, so urtheilen wir ähnlich, als wenn wir zu Olympia über die wettlaufenden Pferde oder Männer urtheilten, und den schnellsten für den langsamsten, den langsamsten für den schnellsten haltend, Siegeslieder dichten und den Besiegten statt des Siegers besingen wollten, so glaube ich würden die Wettkämpfer dies nicht wohl aufnehmen. Da wir nun aber in derselben Weise über die Götter fehlgreifen, wird man nicht sagen, daß wir etwas Lächerliches und Verkehrtes gethan hätten?"

Platon macht hier die hochwichtige Unterscheidung zwischen einer scheinbaren und einer wirklichen Bewegung der Himmelskörper, jene sei complicirt, diese einfach. Hierin allein liegt erstlich die Lehre von der Achsendrehung enthalten und zwar ganz deutlich. Nämlich nur dann, wenn man die tägliche Drehung des Himmels in Abzug bringt, dieselbe für bloß scheinbar erklärt und vielmehr zurückführt auf die Rotation des Weltkörpers, auf dem wir uns befinden, nur dann läßt sich sagen, daß Sonne und Mond nur eine Bewegung im Kreise machen, nämlich in Betreff der Sonne die jährliche durch die Sternbilder des Thierkreises. Dies ist eine einfache Kreisbewegung, wogegen wir, sobald wir die tägliche Bewegung der Sonne dazu nehmen, eine spiralförmige Bewegung bekommen, indem die Sonne jeden Tag an einer anderen Stelle aufgeht und einen anderen Weg am Himmel beschreibt. Dasselbe gilt vom Mond. Dies nun stellt Platon vorauf, und somit wäre denn eben die Lehre von der Achsendrehung dasjenige, was er so stark andeutet, daß damit eben die Bitte der andern Person des Dialogs erfüllt ist.

Er giebt diesem Punkt auch eine gewisse Ausführung; er hebt hervor, daß sich das Verhältniß der Umlaufsgeschwindigkeiten durch die neue Lehre auf das allerauffallendste verändere, so daß das langsamste nunmehr das schnellste sei, und umgekehrt. Allerdings tritt dies ein mit der Achsendrehung, denn da, wo man ohne dieselbe eine unendlich schnelle Bewegung annehmen mußte, hatte man jetzt Stillstand. Da den Alten die große Entfernung der Fixsterne bekannt war, so nahmen die Denkendern mit Recht Anstand, sie einen so ungeheuern Weg innerhalb 24 Stunden zurücklegen zu lassen, und eben diese undenkbare Geschwindigkeit der Bewegung des Fixsternhimmels trieb zur Annahme der Achsendrehung der Erde hin. Daher ist das natürlichste, daß man, so wie man sich zu dieser entschloß, vor allen Dingen die Entfernung jener Schwierigkeit und die Ruhe dessen hervorhob, das bisher mit einer widersinnigen Rapidität sich bewegt hatte. Außerdem treten nun aber auch für die Planeten Aenderungen der Geschwindigkeit ein, so wie man die tägliche Bewegung in Abzug bringt. Je entfernter sie sind, um so schneller müßten ihre täglichen Umläufe sein; allein jetzt behalten wir nur noch ihre Bewegung am Firsternhimmel und Saturn, der nach jener Ansicht in Erwägung seiner Entfernung seinen täglichen Lauf mit gewaltiger Geschwindigkeit zurücklegen müßte, bekommt jetzt ein langes Jahr und wird ein träges Gestirn. Statt aller aber bemüht sich die Erde, zunächst in ihrer Rotation um ihre Achse. Wir werden also bei dem *βράδιστον* und *τάχιστον* an den Firsternhimmel und die Erde zu denken haben, denn, während alle Geschwindigkeiten sich mehr oder weniger ändern, sind dies die beiden Extreme. Eine Stelle des Seneca, welche unverkennbar auf unsere platonische anspielt, scheint dies zu bestätigen. Quaest. natur. VII, 2 lesen wir die Worte: Digna res est contemplatione nostra, ut sciamus, in quo rerum statu simus: pigerrimam sortiti an velocissimam sedem: circa nos Deus omnia, an nos agat. Das Omnia scheint hier den Himmel mit allen seinen Erscheinungen bedeuten zu müssen, alsdann aber kann hier nur von der täglichen Drehung und also von der Achsendrehung der Erde die Rede sein: da nun die Ausdrücke pigerrimus und velocissimus dem *βράδιστος* und *τάχιστος* entsprechen, so ist der Rückschluß nahe liegend, daß die platonische Stelle denselben Sinn einschließe, und hier auch jene Superlativen vom Firsternhimmel und der Erde gemeint seien.

Allein in der Stelle liegt noch mehr, sie muß auch Bezug haben auf eine zweite ganz andere Lehre, denn neben Sonne und Mond sind auch die Planeten genannt und es ist von ihren Bahnen die Rede; auch von ihnen hätten wir nicht die richtige Lehre, die Vorstellung, daß sie irrten (*ὡς πλανᾶται*), sei falsch, ihre wahre Bewegung sei eine andere: eine einfache Kreisbahn. Bekanntlich beschreiben die Planeten am Firsternhimmel sehr complicirte Bahnen, mit rückläufiger Bewegung, so daß eine schleifenförmige, oder wenigstens wellenförmige Linie ihres Laufs entsteht. Diese unregelmäßige Linie hat ihnen eben ihren Namen zugezogen: Planeten, πλανῆται, die irrenden, deren Bahn sich auf kein bestimmtes Gesetz, auf keine einfache mathematische Linie zurück führen lasse. Diesen Namen führen sie nicht bloß im Gegensatz zu den Firsternen, sondern auch zu Sonne und Mond. Hier nun zu unserer großen Ueberraschung finden wir den kühnen Satz: Es giebt auch für sie einen Unterschied zwischen ihrer wahren und ihrer scheinbaren Bewegung. Nur die letztere ist complicirt, die erstere dagegen einfach, es ist nur eine Kreisbahn. Die platonischen Worte haben keinen Sinn, wenn nicht diesen. Nun ist aber klar, daß die Achsendrehung der Erde keineswegs ausreicht, um diese complicirten Linien der scheinbaren Bewegung in einfache Kreislinien aufzulösen, sondern es ist dies nur unter einer anderen und zwar nur unter einer einzigen Annahme möglich.

Es braucht nicht gesagt zu werden, daß hiemit das heliocentrische System ausgesprochen ist, denn dies allein vereinfacht die complicirten scheinbaren Bewegungen in die Kreisbahn. So wie man die Sonne als ruhend nimmt, die Erde dagegen als einen Planeten, der sich mit den übrigen Planeten zugleich um die Sonne bewegt, so hat man für die Planeten nicht mehr viele Wege, sondern nur Einen Weg. Dies ist der geheime, der nur kärglich angedeutete Inhalt der Stelle, jenes absichtlich noch Zurückbehaltene. Daß ein solches in der Stelle sei, lehrt die Einleitung deutlich; nur wenn man ein solches gefunden, darf man sagen, sie verstanden zu haben. Die Wichtigkeit des Inhalts entspricht wahrlich der Zurüstung und dem Geheimnißvollen; das giebt die Probe von der Richtigkeit der Auslegung.

Halten wir nun den Inhalt dieser Stelle zusammen mit der Nachricht an den beiden Orten des Plutarch, so läßt eine Beziehung sich wohl schwer ableugnen; wenn aber das ist, so ergänzen diese Angaben sich auch. Dort, bei Plutarch, haben wir ganz deutlich die planetarische Bewegung der Erde, es könnte nur zweifelhaft sein, ob das Centrum, um welches sie sich bewegt, die Sonne, oder auch, nach pythagoreischer Weise, das Centralfeuer sei. Hier dagegen, in den Gesetzen, haben wir ganz deutlich, daß über die Sonne eine andre Ansicht zu fassen sei, und daß die Planeten sich in einfachen Kreisbahnen, nicht auf complicirte Weise bewegen. Das letztere giebt den Uebergang, denn es ist klar, daß er auch dort nicht bloß die Erde, sondern auch die Planeten um sein neues Centrum bewegt haben werde. Er hat das alte geocentrische System verlassen und hat ein neues System mit concentrischen Planetenbahnen. Was nun aber das Centrum anlangt, so giebt uns die Stelle in den Gesetzen darüber zwar keinen direkten Aufschluß, aber doch einen indirekten. Vom Centralfeuer ist hier gar nicht die Rede, sondern nur von der Sonne. Also wird Platon wohl nur die Sonne als Mittelpunkt im Sinne gehabt haben. Und wie könnte es auch anders sein, da er ja sonst keine neue Lehre gehabt haben würde, sondern nur jene alte des Philolaus. Daß es sich hier aber in der That um eine neue, überraschende, Zweifel und Anstoß erregende Lehre handelt, das sagt uns der ganze Ton und die Einleitung. Er nennt das Neue, das er vorbringt eine Lehre nützlich für die Jugend, nicht für die älteren; er erklärt sie also selbst für eine Lehre der Zukunft, für eine solche, welche bei den Vorurtheilen der Mitwelt leicht als gefährlich und unheilig erscheinen konnte. Sehr beachtenswerth ist noch, daß Platon die neue Lehre in Beziehung setzt mit der Lehre vom höchsten Gott, für welchen der Centralpunkt des Planetensystems und die allgemeine Lichtquelle ihm ein neues Symbol ist.

Es verdient übrigens die Stelle in den Gesetzen und unsere Auslegung derselben allen Proben unterworfen zu werden, welche sich nur irgend anstellen lassen. Was wir zunächst wohl für völlig gewiß halten dürfen, ist, daß in den Worten sich eine kosmische Ansicht aussprechen müsse. Dann ist aber nicht minder gewiß, daß diese Ansicht auch eine neue sein müsse, denn Platon sagt ausdrücklich, die gewöhnliche Meinung sei falsch. „Wir Hellenen alle täuschen uns über die großen Götter, die Sonne und den Mond". Drittens endlich geht aus der ganzen zögernden Einleitung, aus dem hinter-dem Berge-halten, und der Bemerkung, daß es eine Lehre für die kommende Zeit sei, auch wiederum ganz unabweislich hervor, es müsse die neue Lehre etwas ganz besonders Gewagtes, gegen die gewöhnliche Ansicht Verstoßendes enthalten, was eben darum schwer zu fassen und leicht zu verketzern war, zugleich aber doch auch von der Art, daß es im Grunde sehr einfach ist, sobald man nur einmal zu einer gewissen Höhe der Vorstellung sich erheben kann; denn was anders als dies können Platons Worte sagen, es sei die neue Lehre nicht leicht, und auch wieder nicht durchaus schwer — οὐ ῥᾴδιον μαθεῖν, οὐδ' αὖ παντάπασι χαλεπόν.

Es braucht keiner weitläuftigen Auseinandersetzung, wie sehr alles dies paßt auf unsere Art der Auslegung, dagegen wüßte ich keine andre Auslegung, worauf es nur irgendwie paßte. Die Lehre des Centralfeuers kann hier nicht gemeint sein, denn sie war längst bekannt; die Lehre von der Achsendrehung, die war auch schon etwas altes, die Lehre von den gedrehten Sphären, sie war in den Händen der Astronomen, und Platon wollte nichts mehr davon wissen. Oder etwa die Lehre von den Epicykeln? Sie scheint später aufzutreten, und ist etwas Complicirtes, während Platon ausdrücklich spricht von einer einfachen Kreisbewegung. Das Wesen der in einander gedrehten Sphären sowohl als auch der Epicykeln und Excentern ist aber gerade das Gegentheil, es ist eine doppelte Kreisbewegung. Aristoteles (Met. XI, 8) hebt bei seiner Charakteristik der in einander gedrehten Sphären des Eudorus ausdrücklich hervor, daß es mehrere Kreisbewegungen (πλείους φοραί) und jedenfalls mehr als Eine (πλείους μιᾶς) für je Einen Planeten giebt; gerade dem aber tritt Platon hier bestimmt entgegen, denn er sagt, es sei eine falsche Meinung, daß die Planeten irrende (verschlungene Bewegungen) machten, jeder derselben ginge immer dieselbe Bahn, nicht viele, sondern eine stets im Kreise — τὴν αὐτὴν γὰρ ὁδὸν ἕκαστον καὶ οὐ πολλάς, ἀλλὰ μίαν ἀεὶ κύκλῳ διεξέρχεται — daß der Planet viele Wege gehe, sei nur scheinbar — φαίνεται δὲ πολλὰς φερόμενον. Ich frage: Wenn man verschleiert sprechen will, kann man deutlicher sprechen!

Und gesetzt nun es wäre dennoch nicht unser heliocentrisches, unser copernicanisches System hier bei Platon, nun dann muß es irgend ein anderes sein — jedenfalls aber ein neues, ein außerordentliches, jedenfalls auch ein solches, von dem sich in späterer Zeit irgend eine Spur wiederfinden müßte, weil es eben in sich ganz unmöglich ist, daß ein leuchtender Gedanke im Dunkel verborgen bleiben und spurlos vorüber gehen sollte. Nun finden wir aber zwischen Aristoteles nnd Ptolemäus nur eine einzige auftauchende Spur von einem eigenthümlichen und großen kosmischen System, nämlich bei Aristarch und Seleucus, und diese Spur führt uns eben zurück auf diese Quelle. Aristarch schien nicht wohl der Urheber seines Systems sein zu können, schon weil er so wenig Liebe dafür beweist, hier im Platon brauchen wir aber durchaus ein neues, wunderbares, überraschendes, großartiges System, eine Lehre der Zukunft, welche die Stellung der großen Götter Sonne und Mond angeht, welche collidirt gegen den gemeinsamen Glauben aller Hellenen: ich frage: haben wir noch eine Wahl?

Es ist schon berührt worden, daß Platon in seinen einleitenden Worten nicht sagt, es handle sich um das Verhältniß von Erde und Sonne, denn damit wäre freilich sogleich alles verrathen gewesen, sondern er sagt erstlich, die Griechen machten sich eine falsche Vorstellung von Sonne und Mond, und nachher wie es näher zur Sache kommt heißt es wieder, noch vorsichtiger, von Mond und Sonne sei die gewöhnliche Meinung nicht sicher. Gewiß nicht zufällig urgirt Platon so besonders diese beiden Worte. Nach der alten herkömmlichen, auf unmittelbare Sinnesanschauung beruhenden Ansicht, fiel, wie dies an seinem Ort gezeigt worden, es den Griechen besonders schwer, Sonne und Mond von einander zu trennen, die sie sich gleichsam durch ein eheliches Band verbunden dachten; aber gerade die heliocentrische Ansicht reißt beide auseinander, indem sie die Sonne erhebt zum Centralgestirn, den Mond aber erniedrigt zum Trabanten der Erde, welche letztere wieder in die Reihe der Planeten eintritt. So ist also bei Mond und Sonne die Differenz von der gewöhnlichen Ansicht am größten, die Erde liegt in der Mitte. Das Neue, Charakteristische liegt allerdings in der Stellung von Sonne und Mond, während Philolaus längst aus der Erde einen Planeten gemacht hatte.

Auf der anderen Seite scheint jetzt auch nicht mehr zweifelhaft zu sein, daß Platon wirklich dem Mond die richtige Stellung angewiesen habe, was für Aristarch sich nicht mit einiger Bestimmtheit ermitteln ließ; alsdann aber hatte Platon wirklich den ganzen Umfang des Systems, welches nach Copernicus seinen Namen trägt — es darf übrigens hier daran erinnert werden, daß letzterer für den Mond sogar die Epicykel noch beibehielt, während er sie für alle anderen Gestirne bereits verworfen hatte.

Endlich scheint die Stelle auch in sich selbst den klaren Beweis zu tragen, daß diese Ansicht wirklich dem Platon selbst gehört, daß er sie nicht etwa von den Pythagoreern, oder von sonst wem entlehnt, denn seine ganze Ausdrucksweise, sein ganzes Benehmen würde sich sonst nicht erklären. Und in der That war diese Auffassung auch seinen Zeitgenossen so neu, daß sie sich nicht hinein finden konnten, es war der That nach keine Lehre für die Mitwelt, sondern nur für die Zukunft, denn erst das nachfolgende Geschlecht wußte einen Sinn mit den platonischen Geheimworten zu verbinden. Auch für Aristoteles selbst waren diese Worte nicht vorhanden, erst sein Schüler Theophrast wußte zu lesen, was darin zu lesen war. Aristoteles hätte die mathematische Anschauung und Phantasie des Platon haben müssen, um sich in diese kühne Vorstellung hinein versetzen zu können. Ihm fehlte diesmal, auf diesem Gebiet jenes sapere aude, seine ganze Natur disponirte ihn dazu, sich näher an die unmittelbare Wahrnehmung der Sinne zu halten. Platon und Aristoteles ergänzen sich auf dieser Seite: durch einen divinatorischen Blick griff Platon der Wahrheit vor, durch unmittelbare Anschauung; aber Aristoteles bahnte diejenige Richtung der Wissenschaft an, welche nach zwei Jahrtausenden erst die wahre Beweisführung des im Geist Geschauten zu bringen vermochte. Uebrigens kann Aristoteles sich mit Bacon von Verulam trösten, der an Größe und Richtung mit ihm so viel Verwandtes hat. Auch diesem ist das Menschliche begegnet (de augm. scient. III, 4), daß er sich in das heliocentrische System nicht finden konnte, und, während er selbst zugeben mußte, daß es mit den Erscheinungen im Einklang sei, und von der Astronomie nicht erfolgreich widerlegt werden könne, doch behauptete, daß es den wahren Principien der Naturphilosophie zuwider sei, und durch diese allerdings seine Widerlegung finde! Aber die Wissenschaft ist eben Werk der Menschheit, nicht eines einzelnen Mannes, er sei noch so groß.

Als Aristoteles Olympias 102 (378 v. Chr.) nach Athen kam, um den Platon zu hören, war dieser 50 Jahr alt. Aristoteles soll zwanzig Jahre lang in der Schule des Platon gewesen sein, der 82 Jahr alt stirbt. In der späteren Zeit hat sich Aristoteles je mehr und mehr vom Platon entfernt, so wie dieser auch nicht den Aristoteles, sondern den Speusippus zum Nachfolger seines Lehrstuhls bestimmte. Aristoteles bildete die Lehre des Platon auf seine Weise aus, Platon wiederum blieb auch nicht stehen, sondern überschritt den Punkt, an welchen die Bildung und Philosophie des Aristoteles sich angeknüpft hatte. So entstand sehr natürlich eine immer größere Entfremdung. Nach dem Tode des Platon verhält sich Aristoteles völlig polemisch gegen Platons Nachfolger in ihrer je mehr und mehr pythagoreisirenden Richtung, während er selbst mehr dem sokratischen Elemente im Platon gefolgt war. Hienach darf man sich nicht wundern, daß von Aristoteles spätere Elemente der platonischen Entwickelung unbeachtet, oder geradezu unverstanden blieben; er wollte von dem späteren Platon nichts wissen, sah in den späteren Lehren seines Meisters nicht Fortschritt, sondern nur Verfall, und vergalt dessen Hochachtung der Pythagoreer mit einer gleichgroßen Nichtachtung, welche denn für die ganze Geschichte der Philosophie so verhängnißvoll geworden ist. Erst der Schüler des Aristoteles, Theophrast, sah diese Verhältnisse wieder ruhiger und unparteiischer an; er ist es denn auch, dem wir, durch Plutarch, die Nachricht von des Platon letzter Weltanschauung danken, nach welcher der Philosoph uns in ganz neuem Glanz erscheinen muß.

Von Theophrast ist es nun aber nicht mehr so weit auf Aristarch von Samos hin. Theophrast stirbt Olymp. 123, 3 (286 v. Chr.) und Kleanthes, der Stoiker folgt seinem Meister Zeno in der Stoa, Olymp. 128, 3 (264 v. Chr.) also 22 Jahr nach Theophrast's Tode; dieser Kleanthes aber war es eben, welcher den Aristarchus wegen seines Sternsystems vor Gericht gestellt wissen wollte.

Die Gerechtigkeit verlangt, hier noch einmal auf Aristarch zurück zu kehren. Wenn wir ihm den Ruhm der Erfindung des heliocentrischen Systems entrissen haben, so dürfen wir ihm doch nicht alles nehmen. Er kann dem System nicht wohl anhängen, ohne ein neues Element hinzugethan, ohne einen erhobenen Zweifel aus dem Wege geräumt zu haben. Nun liegt allerdings auf den ersten Blick ein sehr mächtiges Bedenken gegen dies System vor, ein solches Bedenken ist wirklich erhoben und geltend gemacht worden, und — Aristarch hat es weggeräumt. In der Schrift des Aristoteles über den Himmel (II, cap. 13) wird im Vorübergehen darauf hingedeutet, daß die Gestirne ihre Stellung gegen einander nicht verändern, d. h. keine Parallaxe ergeben, obgleich wir jedenfalls nicht im Centrum der Welt wohnen, weil wir auf der Oberfläche der Erde um den Radius derselben von ihrem Mittelpunkt entfernt sind. Mit diesem Argument wollten die Anhänger der Centralfeuerlehre, welche nämlich die Erde nicht in den Mittelpunkt setzten, sondern ihr eine Bewegung um den Mittelpunkt gaben, die für diesen Fall geforderte Parallaxe beseitigen. In der That würde für eine solche planetarische Bewegung der Erde ein viel größerer Abstand erfordert, denn der Durchmesser der Bahn müßte doch vielfach größer sein, als der der Erde, und von so verschiedenem Standpunkt wäre allerdings eine andere Projection des Himmels zu erwarten, selbst wenn sie für den Durchmesser, oder nur Radius der Erde noch nicht stattfände. Dies schon beim Centralfeuer erregte Bedenken, worauf dessen Bekenner zu antworten suchten, trifft nun auch das heliocentrische System, und sogar in noch höherem Grade, weil hier die Bahn der Erde noch von größerem Umfang genommen werden muß, da die Erde der Sonne nicht zunächst, sondern nach Merkur und Venus erst in dritter Reihe ihren Umlauf macht. Gewiß kam hier jener schon der Centralfeuerlehre gemachte Einwurf mit erneuter Kraft wieder, und gewiß ist er es hauptsächlich, welcher der neuen Lehre die Zustimmung entzog. Daß aber ihr Urheber auf diesen Einwurf gefaßt und gerüstet war, liegt in der Sache, denn er hätte sonst gar nicht zu seiner Ansicht gelangen können. Ein so auf der Hand liegender Einwurf läßt sich nicht übersehen und überspringen; die Entdeckung liegt eben darin, daß man ihn mit Gründen zu heben weiß. Der Grund aber ist kein anderer als der, welchen Aristoteles schon von jenen Pythagoreern andeutet, nämlich die ungeheuren kosmischen Dimensionen, im Verhältniß zu welchen nicht nur der Durchmesser der Erde, sondern zugleich auch der Erdbahn etwas ganz verschwindendes, ganz außer Acht fallendes ist. Diesen Grund muß auch Platon gehabt haben, denn nur auf solchem Grunde hat jenes System eine Existenz, und es ist von diesem unzertrennlich, daß man sich die Firsterne viel entfernter denkt als früher geschah, kurz daß man die Grenzen der Welt vielfach weiter hinausrückt, ja geradezu in unendliche Ferne, denn nur so kann der Durchmesser der Erdbahn als Null angesehen werden. Dies nun, was Platon im Sinne gelegen haben muß, sprach Aristarch deutlich aus, wodurch denn allerdings das System in seiner Consequenz und Geschlossenheit erst zum Bewußtsein kommt. Die Entfernung der Firsterne ist so groß, daß der Durchmesser der Erdbahn als Größe verschwindet, daß er in jenem Verhältniß gilt, als Punkt, als Mittelpunkt der Kugel des Firsternhimmels, so daß also keine

Parallaxe zu erwarten, und aus der mangelnden Parallaxe auch kein Einwand gegen das System herzuleiten ist. Dies mit Klarheit gefaßt und mit Entschiedenheit durchgeführt zu haben, möchte das eigenthümliche Verdienst des Aristarch sein. Das Verdienst war aber um so größer als Aristoteles sich gar nicht, und auch selbst Archimedes sich nicht so leicht in diese Vorstellung finden konnte.

XII.

Hienach wäre also der Gedanke des heliocentrischen Systems etwa um 150 Jahr älter, als man gewöhnlich annimmt, und er fiele in eine Zeit, in welcher Gedanken solcher Art viel wahrscheinlicher sind, wenn ihrer Ausbreitung auch noch große Schwierigkeiten entgegenstanden. Daß Platon schwerlich von früheren, sei es nun Pythagoreern oder anderen, diesen Gedanken fertig überkommen habe, darüber haben wir uns schon geäußert; allein ein anderes wäre, ob er nicht gewisse Lehren vorgefunden, die wenigstens einen Theil jener Auffassung enthalten, welche dieselbe angebahnt und ihm Hülfe geleistet hätten. Da es uns hauptsächlich auf die Stadien der natürlichen Entwickelung ankommt, so dürfen wir hier nicht das geringste übersehen, wir dürfen auch dem Platon nicht zu viel Verdienst geben, sondern eben jedem das seine; hat er Vordermänner in diesem großen Gedanken, so ist von größtem Interesse sie kennen zu lernen.

Ein Schriftsteller des fünften Jahrhunderts unserer Zeitrechnung, Marcianus Capella, bietet uns in seiner Schrift de nuptiis Philologiae et Mercurii (lib. I, cap. 8) ein eigenthümliches kosmisches System dar, nach welchem zwar die Erde der feste Mittelpunkt bleibt, auch Sonne und Mond als Planeten die Erde umkreisen, allein mit ihnen nicht alle Planeten, sondern nur ein Theil derselben; den anderen giebt er eine Bahn um die Sonne. Saturn, Jupiter, Mars, also die sogenannten unteren, oder äußeren, bewegen sich um die Erde, dagegen Venus und Mercur, die oberen oder inneren, um die Sonne. Es ist dies ein Theil des copernicanischen Systems, der schwerlich zu einer Zeit auftauchen konnte, wo keine eigenthümlichen Gedanken zu suchen sind und wo die Autorität des Ptolemäus unter den Astronomen herrschend war. Der Ursprung dieser Ansicht muß also wohl einer früheren Zeit angehören.

Wir finden sie schon bei einem Schriftsteller am Ende des vierten Jahrhunderts, bei Macrobius, in seinem Commentar zu Ciceros Somnium Scipionis, während hier im Original durchaus das gewöhnliche geocentrische System zu herrschen scheint, und nur die undeutlichen Worte: in quibus eadem vis est duorum, Mercurii et Veneris, dem Commentator die erwünschte Gelegenheit gaben, seine Gelehrsamkeit zu entfalten. Von hier aus werden wir also wieder in frühere Zeit gewiesen. Allein es läßt sich nicht mehr beibringen, als eine Stelle des Vitruv (de arch. lib. IX, 4), welche aber ganz deutlich spricht: Mercurii autem et Veneris stellae circa solis radios solem ipsum, ut centrum, itineribus coronantes, regressus et retardationes faciunt. Man wird Vitruv nicht für den Urheber dieses kosmischen Systems halten wollen, und wohl auch keinen seiner Landsleute; aber sehr auffallend bleibt, daß bei keinem Griechen sich dies System nachweisen läßt, womit in Verbindung tritt, daß Macrobius dasselbe das ägyptische nennt, welchen Namen es auch in neuerer Zeit behalten.

Und doch fände sich eine schwache Andeutung, daß vielleicht ein Grieche sich dazu bekannt habe, und zwar ein solcher, der Beziehungen zu Aegypten hatte und aus alter Priesterweisheit geschöpft haben soll — kein anderer als Pythagoras. Wir haben von Pythagoras die abgerissene Notiz, nach Plinius H. N. II, 8 und nach den Placitis philosophorum, daß er den Hesperus und Phosphorus, den Abendstern und den Morgenstern für ein und dasselbe Gestirn gehalten. Es liegt nicht so fern, hiemit die Beziehung dieses Sterns zur Sonne in Verbindung zu bringen und dann ferner auch die des Mercur, welche noch unverkennbarer wäre, da er näher der Sonne erscheint. Ideler in der öfters angeführten Abhandlung (über das Verhältniß des Copernicus zum Alterthum S. 443, Anmerkung) nimmt nicht Anstand diese Folgerung zu ziehen, und jene Kunde den Pythagoras aus Aegypten holen zu lassen. Auf der anderen Seite aber bleibt auffallend, daß eine so große Autorität sich nicht mehr Verbreitung in Griechenland verschafft haben sollte, und daß auch in der Schule selbst diese kosmische Ansicht sich nicht erhielt.

Allein so auffallend diese Erscheinung an sich ist, so finden sich doch hinreichende Gründe zu ihrer Erklärung. Mit ihrem großen, theoretischen Geist strebten die Griechen nach einem allgemeinen kosmischen System, nach einem einzigen die Weltordnung durchdringenden Gedanken. Dies gilt besonders von den Pythagoreern. Sie konnten nicht auf halbem Wege stehen bleiben; ließ eine Auffassung, die immerhin etwas für sich haben mochte, keine Anwendung auf das Ganze, führte sie nicht zu einem allgemeinen kosmischen Gesetz, so konnten oder mochten sie davon keinen Gebrauch machen und ließen sie lieber zur Seite liegen Diesen Fall haben wir hier. Uns will es freilich scheinen, als ob die Einsicht, daß Mercur und Venus einen Umlauf um die Sonne vollbringen, der natürliche Anfang des heliocentrischen Systems sei, und daß von hier aus der Fortgang auf die übrigen Planeten und auf die Erde leicht und gebahnt sei. Allein so ist es nicht, und die Sache stellt sich ganz anders, wenn wir uns lebhaft in die Vorstellungen jener Zeit und in die Forderungen des griechischen Geistes hineinversetzen wollen.

Das große Hauptproblem blieb immer die Drehung des Firsternhimmels, und keine Theorie konnte genügen, welche nicht dieses zugleich mit löste. Das vollständige heliocentrische System aber löst diese Aufgabe noch nicht, so lange wir nicht zugleich die Achsendrehung der Erde annehmen, und diese lag damals noch sehr fern. Dies giebt uns den Schlüssel für den Gang der Geschichte. So groß die Autorität des Pythagoras auch in der Schule war, so sehr die astronomische Forschung im Vordergrunde der Lehre stand, so fühlte man sich doch gedrängt, die Ansicht des Meisters zu verlassen und eine ganz andere Bahn einzuschlagen, auf welcher man sich sogar um vieles weiter von der Wahrheit entfernte; man gab, wie es scheint, eine schon erkannte Wahrheit wieder auf, weil sie nicht die ganze Wahrheit war, man verfiel in einen consequenten Irrthum, aber dieser trug später Früchte der Erkenntniß. Die Lehre vom Centralfeuer coordinirt wieder nicht nur Venus und Mercur mit Mars, Jupiter und Saturn, sondern auch mit

Sonne und Mond und Erde, als Planeten eines und desselben Ranges. Für das, was man auf der einen Seite verlor, gewann man auf der andern, die Erde war Planet und man hatte ein durchgreifendes System, man hatte vor allen Dingen ein System, dessen Sinn ist, durch jenes eigenthümliche Surrogat der Achsendrehung die tägliche Umdrehung des gesammten Firmaments erklärlich zu machen. Es wird sich jetzt begreifen, daß dieses System damals wirklich das berechtigte, das einzig mögliche und vernünftige war, man wird verstehen, daß es die Lehre von dem Umlauf der Venus und des Mercur um die Sonne wieder in Vergessenheit bringen konnte. Seine Mission war, den Weg zur Achsendrehung der Erde zu bahnen, so wie diese Mission erfüllt war, so wie einmal der Gedanke der täglichen Drehung unseres Planeten um seine Achse gefaßt war, so wie der Fixsternhimmel feststand und dessen Bewegung vor allen übrigen himmlischen Bewegungen in Abzug zu bringen war, da erst konnte jene Analogie wieder auftauchen und ihre Kraft ausüben: erst jetzt war eine Verallgemeinerung zum vollständigen heliocentrischen System möglich, jetzt erst stand dies nicht mehr in crassem Widerspruch mit der unmittelbaren Erscheinung.

Nach unserer Darstellung ist nun Platon derjenige, welcher sich zuerst auf diesem Standpunkt befand, darum konnte jene Analogie auch nur für ihn fingerzeigend sein.

Platon konnte die Kunde davon leicht aus Aegypten erhalten, auch wenn er selbst nicht dort war. Eudoxus, dessen Anwesenheit in Aegypten nicht zu bezweifeln steht, mußte jedenfalls diese Auffassung nach Athen bringen, und dasjenige, was auf Pythagoras Weltsystem keinen Einfluß ausüben konnte, weil es sich auf damaligem Standpunkt zu keiner durchgreifenden Weltansicht gestalten ließ, mußte um so mehr auf Platon wirken, als man jetzt gerade nach einem neuen System suchte, dessen Mittelpunkt nicht mehr die Erde war. Nur derjenige, welcher die Achsendrehung der Erde gelehrt, konnte von dieser Ansicht der Aegypter den Vortheil ziehen, von ihr zum heliocentrischen System geführt werden. Und das ist eben Platon.

Chalcidius (in Tim. 307 ed. Fabr.) meldet, daß einige Pythagoreer Mercur und Venus vor die Sonne gesetzt. Es würde dies am besten in die Zeit fallen, von welcher wir sprechen, und am einfachsten auf Eudoxus selbst und seine Anhänger bezogen werden.

Daß übrigens die Aegypter lange vor den Griechen Mercur und Venus als um die Sonne kreisend annahmen, dies erklärt sich sehr einfach gerade aus dem Umstande, daß sie keine Philosophen, keine Theoretiker waren, nicht nach einem allgemeinen Weltsystem suchten, sondern beobachteten und bei der partiellen Erscheinung stehen blieben *).

*) Ich brauche wohl nicht auszuführen, daß ich nicht der Ansicht von Lepsius sein kann, welcher die wesentlichsten kosmischen Vorstellungen der Griechen, (Chronologie der Aegypter I, S. 199) namentlich die Theorie der sich drehenden Sphären von Aegypten herleiten will, und dieselben schon durch Pythagoras von dort nach Griechenland gelangen läßt. Die ganze von uns dargestellte Geschichte spricht dagegen, die Stellung des griechischen Geistes zu Aegypten ist eine andere. Die von Lepsius angeführte bildliche Darstellung bei Wilkinson (Mann. and cust. pl. 55) scheint zwar allerdings von verschiedenen Himmeln gedeutet werden zu dürfen, allein alles fehlt was erforderlich wäre, um an eine Theorie der Planetenbewegung zu denken, und die Darstellung selbst führt auf Halbkugeln und die horizontale Erde.

Und doch haben die Griechen nicht nur das heliocentrische System, sondern auch jenes sogenannte ägyptische wieder verlassen, denn bei Ptolemäus kreisen Mercur und Venus nicht um die Sonne, sondern um einen idealen Punkt. Auch das hat seine guten und vollkommen wissenschaftlichen Gründe, welche zu betrachten wohl der Mühe lohnt.

XIII.

Zu einer Zeit, wo die Poesie der Griechen nur noch eine schwache Nachblüthe aufzuweisen hatte, wo der philosophische Geist gänzlich versiegt zu sein schien, da steigen die mathematischen Wissenschaften noch höher empor, und es zeigen sich schöne Anfänge von empirischer Wissenschaft. In dem alexandrinischen Zeitalter glänzt namentlich auch die Astronomie, die hier einen ganz anderen Charakter gewinnt: sie wird eine besondere Disciplin, sie wird eine Wissenschaft.

Und gerade in dieser Zeit verläßt man den Weg, auf dem Aristarch von Samos und Seleucus von Erythrä sich schon befunden hatten, man giebt das heliocentrische System wieder auf.

Wie kommt es nur, daß große Astronomen der Zeit nach Aristarch, welche mit seinen Schriften bekannt waren, daß besonders Hipparch und nach ihm Ptolemäus bei dem alten geocentrischen System geblieben? Die Antwort lautet: Eben weil sie Männer der Wissenschaft waren.

Die heliocentrische Ansicht war ihrer Natur nach eine Hypothese, so lange sie nicht von der gesammten Erscheinung bestätigt wurde, von der Summe aller Beobachtungen. Und daran fehlte in der That noch viel; es fehlte nicht nur die

Bestätigung, sondern auch das Mittel sie zu erwerben. Die Astronomie als Wissenschaft mußte nun zunächst beobachten, also den inductiven Weg gehen. Um aber diesen zu gehen, mußte sie bei dem geocentrischen System einstweilen verbleiben, weil nämlich der Standpunkt der beobachtenden Astronomie auf der Erde ist. Dann ferner aber bot die Epicykel, an welche sich die beobachtende Astronomie bereits gewöhnt, auch ein ganz brauchbares Hülfsmittel dar. Selbst eine ganz unrichtige Vorstellung, eine ganz falsche Theorie konnte wesentliche Dienste leisten, sobald einmal das Streben dahin ging, Theorie und Erscheinung in möglichsten Einklang zu bringen.

Wir kommen nun hier noch einmal auf Eudorus, und haben vor allen des Hipparch zu gedenken.

Zwei Standpunkte sind es, welche in der nachplatonischen Zeit als bedeutend und in hohem Grade beachtenswerth hervortreten, beide charakterisirt durch einen bestimmten Wahlspruch.

Die Erscheinung retten — *σώζειν τὰ φαινόμενα* *), diese von mehreren Schriftstellern wiederholte Wendung tritt uns als Stichwort und Wahlspruch entgegen; der Ausspruch hat nur Sinn, sofern der Erscheinung Gewalt geschehen war durch aprioristische Theorieen.

*) Simpl. de coelo f. **119** von Eudorus: *τίνων ὑποθεισῶν ὁμαλῶν καὶ τεταγμένων κινήσεων διασωθῇ τὰ περὶ τὰς κινήσεις τῶν πλανωμένων φαινόμενα.* Und fol. 120. — *Κάλλιππος ὁ Κυζικηνός, Εὐδόξου μὴ δυνηθέντος, ἐπειράθη διασῶσαι, εἴπερ ἄρα καὶ διέσωσεν.* Ebenso in der angeführten Stelle aus den platonischen Quästionen des Plutarch, wo von Aristarch von Samos die Rede ist, und bei demselben in gleichem Zusammenhange de facie in orbe Lunae, cap. 6.

Einen zweiten Standpunkt finden wir ausgesprochen in den von Simplicius erhaltenen Worten des Geminus (Simplic. ad Arist. phys. f. 64 b); wo derselbe der Ansicht des Heraclides von Pontus gedacht hat (S. oben S. 134), setzt er hinzu: „es ist gar nicht Sache des Astrologen, zu untersuchen, welcher Himmelskörper stillsteht und welcher sich bewegt".

Man will sich also lediglich an die Erscheinung halten, der Theorie völlig entsagen.

Jenes ist der Standpunkt des Eudorus, dieser der des Hipparch.

Nicht als ob die Philosophen bis auf Platon gar keine Rücksicht auf die Erscheinung genommen hätten, allein sie begnügten sich mit der ungefähren Erscheinung und suchten für diese sogleich eine allgemeine kosmische Theorie — sie studirten nicht gleichzeitig die Erscheinung und suchten sie mit mathematischer Schärfe zu erfassen, sie waren nicht gleichzeitig methodische Beobachter. Weder von Platon noch von Pythagoras, noch von irgend einem anderen, deren Systeme uns beschäftigt haben, läßt sich dies aussagen; sie beobachteten weder selbst, noch ließen sie sich's angelegen sein, Beobachtungen dorther zu holen, wo sie sie finden konnten: Das war in Babylon und in Aegypten. Die Griechen scheinen in älterer Zeit nur ganz Einzelnes aus dieser Quelle entnommen zu haben, und ließen es öfters wieder fallen, wenn es nicht in ihre Theorieen paßte.

Dies ändert sich aber um die Zeit des Platon und Aristoteles, jetzt nähert man sich mit ganz anderem Sinne der Quelle ägyptischer Erfahrung, schöpft in viel durstigeren Zügen aus dem Reichthum ihrer Beobachtung. Von hier ab giebt es erst griechische Astronomen, bisher hatte es nur kosmologische Bestrebungen der Philosophen gegeben.

Jenes sonst so verdächtig erscheinende Histörchen, das uns Simplicius erzählt von der Aufgabe, welche Platon den Astronomen gestellt und welche Eudorus aufgenommen habe, scheint uns die unschätzbare Nachricht einzuschließen, daß dieser bedeutsame Wendepunkt an keinen anderen Namen geknüpft werden dürfe.

Eudorus, der Schüler des Archytas, befreundet und in wissenschaftlichem Verkehr mit Platon und Aristoteles, stand auf der Höhe mathematischer Bildung und wurde nur noch von Archimedes überboten. Mit Staunen wird sein Name genannt, und nicht ohne Bedeutung ist es, was Diogenes erzählt, daß der ägyptische Apis seinen Mantel geleckt habe. Ein solcher Mann nun ging zu den Aegyptern in die Schule. Er hatte das, was jene nicht besaßen, er war erfüllt von allem Tiefsinn theoretischen Geistes und er wollte eben die Erscheinung kennen lernen, um danach eine stichhaltigere Theorie zu gewinnen. Dies erlangte er freilich nicht, denn der Respect vor der Erscheinung war es eben, was ihn ablenkte in seine complicirte Sphärentheorie, die nicht mehr zählen kann unter den kosmischen Systemen und schon mehr als zur Hälfte nur noch mathematische Hypothese ist. Allein die Wendung, welche er eben dadurch der Wissenschaft gab, blieb ausschlaggebend für alle Zeiten.

Eudorus darf angesehen werden als der Gründer der Wissenschaft Astronomie, während man bisher nur eine speculative Lehre vom Kosmos gehabt hatte. Seneca (Quaest. natur. VII, 3) sagt uns, Eudorus habe zuerst die Kenntniß der Planetenbewegungen nach Griechenland gebracht,

d. h. die genauere Kenntniß: fortgehende, ununterbrochene Beobachtungen durch lange Zeiträume. Er habe sie von den Aegyptern, denen gehöre die major coeli cura; sie beziehe sich eben auf jene Planetenbewegungen und auf die Finsternisse; auf Kometen z. B. hätten sie keine Rücksicht genommen. Wenn er aber hervorhebt, daß Democrit nur von mehreren Planeten gesprochen und ihre Namen nicht zu nennen gewußt habe, ja dies sogar verallgemeinern möchte, so geht er darin zu weit, denn über Zahl, Ordnung und selbst Entfernung der Planeten haben allerdings die griechischen Forscher vor Eudoxus ihre Betrachtungen angestellt *).

Der Forschung fließt dasjenige zu, was sie mit Bewußtsein sucht. Auch im Orient gab es Schulen beobachtender Astronomie, vielleicht auch hier von religiösem Cultus getragen. Allein von den Schätzen uralter Aufzeichnungen, welche in Babylon aufgehäuft lagen, war bisher nur Weniges zu den Griechen gedrungen. Den Zugang öffnete nicht bloß der Einzug Alexanders (Ol. 112, 2), sondern zugleich und noch mehr das Verlangen, welches der griechische Geist gerade um diese Zeit nach solcher Kunde trug, während er Jahrhunderte hindurch derselben sich fast verschlossen hatte.

*) Die Worte des Seneca lauten: Democritus quoque, subtilissimus antiquorum omnium, suspicari ait se, plures stellas esse quae currant, sed nec numerum illarum posuit, nec nomina, nondum comprehensis quinque siderum cursibus. Eudoxus primus ab Aegypto hos motus in Graeciam transtulit. Hic tamen de cometis nihil dicit. Ex quo apparet, ne apud Aegyptios quidem hanc partem elaboratam. Conon postea diligens et ipse inquisitor, defectiones quidem solis servatas ab Aegyptiis collegit, nullam autem fecit mentionem cometarum, non praetermissurus, si quid explorati apud illos comperisset.

Kallisthenes soll den Griechen jene Sternbeobachtungen von nahe an zweitausend Jahren von Babylon übersandt haben *). Der Einfluß davon zeigte sich sogleich; die Griechen wurden auf dem inductiven Wege befestigt, sie hielten es von nun ab für unerläßlich, bei ihren Theorieen die Thatsache in aller Schärfe zu berücksichtigen und selbst in gleichem Sinne Beobachtungen anzustellen und zu verzeichnen. Eudoxus und Aristoteles erlebten diesen Umschwung der Dinge, so wie sie ihn denn selbst herbeigeführt. Die Quittung über den Empfang der ägyptischen sowohl als babylonischen Sternbeobachtungen haben wir in der schon öfters zur Sprache gebrachten Stelle des Aristoteles (de coelo II, 12), wo er von seiner Beobachtung einer Bedeckung des Mars durch den Mond spricht und sagt: wir besitzen von den Aegyptern und Babyloniern viele dergleichen Beobachtungen für jeden Planeten — eine Aeußerung, wie sie kein älterer Grieche gemacht hat und machen konnte.

In dem bezeichneten Sinne nun war Hipparch des Eudoxus großer Nachfolger. Ptolemäus charakterisirt sein Wesen an mehr als einer Stelle, indem er ihm den ehrenden Beinamen giebt: Freund der Wahrheit, womit eben der neue Charakter bezeichnet werden soll, den von hier ab die griechische Sternkunde annahm. Er sagt uns, Hipparch habe aus Mangel an alten Beobachtungen nicht gewagt, Hand an die Theorie der Planeten zu legen, sondern sich begnügt, an den wenigen von ihm vorgefundenen Planetenbeobachtungen zu zeigen, daß die bisherigen Hypothesen der Erscheinung nicht entsprächen. Es kam also darauf an,

*) Vgl. Humboldt's Kosmos II, 196.

solche zum Ziel führende Beobachtungen erst selbst machen. Hipparch fing die Sache im großartigsten Maaßstabe an. Plinius erzählt (Hist. Nat. II, 24), ein erscheinender und wieder verschwindender Stern habe in ihm den Gedanken erweckt, einen Catalog der Fixsterne zu entwerfen; damit sich zeige, ob auch sie eine Veränderung erlitten und eine Bewegung hätten. Schön und merkwürdig ist der Ausdruck des Plinius: Idemque ausus, rem etiam Deo improbam *), annumerare posteris stellas cet. Die Sterne sollten also der Nachwelt zugezählt werden, erst diese sollte ein Resultat von der kolossalen Arbeit ziehen — und sie hat es gezogen. Wir erblicken hierin die der inductiven Forschung eigene Resignation in einer großartigen Höhe und in einer Würde, der wahrlich das Recht zustand, sich von aller Theorie abzuwenden, so geistreich und selbst divinatorisch sie auch sein mochte.

Aber es bedurfte eines solchen Anlasses wohl nicht, da die Verzeichnung der Fixsterne und ihrer Stellung zu einander der Ausgangspunkt aller genauern und umfassendern Beobachtung sein mußte — scheint es doch, als ob Aegypter und Babylonier keinen Fixsterncatalog, sondern nur Verzeichnung von Auf- und Untergängen, von Bewegungen im Thierkreise, Finsternissen und Sternbedeckungen gehabt hätten. Jedenfalls darf man sagen, daß die Beobachtung des Himmels einen viel großartigern und intelligenteren Charakter in den Händen der Griechen bekam, so daß sie im Wesentlichen auch hier wieder den Grund gelegt haben.

*) Das Wort scheint in demselben Sinne genommen werden zu müssen, wie in der bekannten Virgilischen Stelle: Labor omnia vincit Improbus.

Der frühere sanguinische Charakter, welcher nach einander so viele kosmische Systeme hervorgerufen, machte nun Platz dem Geist einer edeln und wahrhaft wissenschaftlichen Resignation, es herrscht ein tiefer Respect vor der Erscheinung, welcher in anderem Sinne als ehemals, die Wissenschaft zu einem erhabenen Cultus der Natur macht und jede subjective Auffassung als etwas Unzulängliches, Uebereiltes und gleichsam Frevelhaftes zurückweist.

Man warf die Theorieen noch nicht gänzlich bei Seite, aber sie bekamen eine durchaus veränderte Stellung.

War es doch fast gleichgültig, welcher Theorie man folgte, denn die fortschreitende Genauigkeit der Beobachtung macht beständige Modificationen nöthig. Die Epicykel bot sich als bequemes Hülfsmittel dar; allein das System dieser Epicykeln wurde immer complicirter, immer unnatürlicher. Von der Epicykel wurde man zu den Excentern gedrängt, Kreise mußten auf Kreise geheftet werden, man entfernte sich von einem einfachen Gesetz, was doch eben das Gesuchte war, immer mehr. Aber als man endlich die Epicykeln und Excentern, die Sphären und Kreise ganz verwarf, da blieb doch die mittelst dieses Gerüstes gewonnene Erfahrung, es blieb das Resultat der Beobachtung, und dies eben konnte zuletzt den erforderten Beweis führen für die heliocentrische Ansicht. Hier erst, ganz spät, treffen die Resultate einerseits einer mathematischen Anschauung, und anderseits inductiver Forschung zusammen, nachdem sie so lange einzelne Wege gegangen, und zum Frommen der Wissenschaft gehen mußten.

In der Philosophie des Alterthums scheiden sich beide Wege frühzeitig, und zwar auf eine Weise, daß ein bestimmtes und unverkennbares Verhältniß zu den Charakteren griechischer Volksstämme dabei sichtbar ward. Der ionische Volksstamm, die ionische Philosophie, zeigt uns eine überwiegende Richtung nach außen, auf das Sinnliche, auf Erfahrung, auf alles Empirische. Hier entwickelt sich frühzeitig ein extensives Wissen, Geschichte, Geographie, Länderkunde, aber nicht minder auch beobachtende Naturforschung nach allen Richtungen der Erscheinung hin findet hier in alter Zeit den fruchtbarsten Boden. Viel geringer ist die Neigung der Jonier zu abstracten Wissenschaften, und idealistischen Speculationen zeigen sie sich völlig abgeneigt. In den mathematischen Wissenschaften werden sie von den Pythagoreern gänzlich überholt, und Heraclit, sonst vielleicht der größte der Jonier, zeigt sich gleichgültig und unbehülflich in allem, was an das Mathematische grenzt.

Viel ernster, viel mehr in sich gekehrt, zu allem Abstracten und Idealen hingeneigt, nicht gerichtet auf die Dimension der Breite, sondern vielmehr der Tiefe, so bietet sich uns der Stammcharakter des dorischen Volkes, aus dessen Schooß zwei philosophische Schulen, die pythagoreische und die eleatische, hervorgegangen sind. Diesen Charakter in vollem Maaß trägt nun besonders die Astronomie und kosmische Anschauung der Pythagoreer. So sehr sie auch ihnen zugeführte Elemente der Beobachtung zu achten wußten, noch nicht dem bequemen Idealismus der Eleaten huldigend, so hielten sie es doch nicht für ihre Hauptaufgabe, sich dem Aufsuchen und Anhäufen solcher Thatsachen hinzugeben; ihre Befriedigung fanden sie vielmehr hauptsächlich in der Verarbeitung zu einem durchgreifenden geistigen Gesetz, zu einem innerlich anschaubaren Organismus, und hier zeigte sich die Stärke ihres Geistes in den kühnsten Anschauungen, denen wir großentheils bleibende Eroberungen des Menschengeistes verdanken.

Die Attiker kamen zuletzt, und doch nicht zu spät, vielmehr um die reichste Ernte in Empfang zu nehmen. Sie stehen zwischen den Joniern und Doriern in der Mitte, an Unbefangenheit über beiden. Diese Unbefangenheit finden wir vor allen Dingen bei Platon, der durch alle Schulen der Philosophie geht und zuletzt sich mit besonderer Vorliebe zu den Pythagoreern hingezogen fühlt, nachdem er schon den Idealismus der Eleaten auf eigenthümliche Weise in sich verarbeitet. Wir finden ihn rüstig und strebsam bis in sein höchstes Alter, immer schöpferisch, immer in neuen, tiefsinnigen Combinationen sich versuchend. In seinen kosmischen Ansichten stand er anfangs auf Seiten der Jonier, ganz deutlich im Phädrus, aber auch noch da, wo er von den gedrehten Sphären sich die Erklärung der Erscheinungen versprach; später, als er sich von der Unwegsamkeit dieser Ansicht überzeugte, ging er über zur Richtung der Pythagoreer, um hier die höchste Palme zu brechen, die freilich seinem mehr als zweijahrtausendjährigen Ruhm bisher gefehlt hat. Es wäre dies in der That der glänzendste Stern seiner Krone, ein Ruhm, wohl dieses Namens werth, einem Geringeren weder zu gönnen, noch zuzutrauen. Es wäre das höchste, was mathematische Anschauung und eine nur von ungefährer Kenntniß der Erscheinung getragene Speculation jemals vermocht hat — eine speculative Anschauung, welche der von inductiver Seite zu erwartenden Beweisführung vorgriff und glänzend voraus eilte — während ganz umgekehrt unsere neue speculative Philosophie bei aller ihrer Anmaaßung sich doch sehr kleinlaut damit begnügen wollte, die Entdeckungen der von ihr geringgeschätzten Empirie hinterdrein zu begreifen!

Ziemlich den umgekehrten Weg ist Aristoteles in seiner Entwickelung gegangen. Er ist der Schüler des speculativen Platon, suchte in seinen frühesten Schriften nichts anderes als strengere Formen und eine durchgreifende gesetzmäßige Begründung für die Anschauungen seines großen Lehrers, allein unvermerkt vertiefte er sich je mehr und mehr in das Studium der Erscheinung, und hierin einmal einheimisch geworden, brachte er ihr zuletzt die Speculation fast gänzlich zum Opfer, sie nur noch für ein Einstweiliges erklärend. Wir lesen bei ihm die merkwürdigen Worte in der Schrift de generatione animalium (III, 10), welche offenbar seiner späteren Zeit angehören: „Noch sind die Erscheinungen nicht hinreichend erforscht; wenn sie es aber dereinst sein werden, alsdann ist der Wahrnehmung mehr zu trauen, als der Speculation, und dieser nur so weit, als sie mit den Erscheinungen Uebereinstimmendes ergiebt". Hier haben wir auf das vollständigste den inductiven Standpunkt, den Aristoteles für den höheren und wahren erklärt, wiewohl er eine Sache der Zukunft sei und für's erste sich die Speculation noch nicht entbehren lasse. Je mehr Aristoteles in seinen späteren Bestrebungen sich in dieser Sinnesart festsetzte, um so gewagter, willkührlicher und inhaltsloser erschienen ihm jene ins Ganze gehenden idealen Anschauungen der Pythagoreer, gegen welche er augenscheinlich eingenommen ist, wie er dies (de coelo III, 13) so ausdrückt, daß sie sich vermäßen, selbst als Weltschöpfer aufzutreten: *πειρώμενοι συγκοσμεῖν*. Von diesem Gesichtspunkt aus beurtheilte er denn auch die kosmischen Anschauungen seines großen Lehrers, und nicht einmal die Achsendrehung wußte er in ihrer Bedeutung zu schätzen.

Allein die Sache hat noch eine andere Seite. Wenn Aristoteles in den späteren Schriften immer mehr das Panier der Induction entfaltet, die Erscheinungen studiren, ein reiches Material von Beobachtungen sammeln und sichten lehrt, und nachdrücklich empfiehlt, nicht anders als aus specieller und voller Kenntniß der Dinge zu urtheilen — er sagt, es sei leicht Systeme aufzustellen, wenn man nicht den ganzen Umfang der Erscheinungen kenne — so muß er schon um des Princips willen zunächst bei der unmittelbaren Erscheinung stehen bleiben, um, bevor von Theorie die Rede sein darf, diese erst allseitig zu kennen. Er darf und muß auf diesem Standpunkt die Erde zunächst als feststehend annehmen, zunächst abstrahiren sowohl von ihrer Achsendrehung, als auch von der planetarischen Bewegung. Es ist dies ein durchaus wissenschaftlicher Standpunkt, welcher von Aristoteles auf ein ganzes nachfolgendes Zeitalter übergegangen ist, denn ihm folgt eine großartige Periode inductiver Wissenschaft, welche sich wesentlich unterscheidet von allem, was vor ihm liegt. Diese glänzende Entwickelung des griechischen Geistes, welche insgemein wenig gekannt und geachtet ist, obwohl sie die Keime aller nachfolgenden Wissenschaft enthält, hat nur durch äußere Störungen, durch große Völkerbewegungen ihre Grenze gefunden, bis aus den Trümmern sich ein ganz neues Zeitalter entwickelte. Eine große Epoche von mehr als anderthalb tausend Jahren ging darüber hin, ehe dieser von Aristoteles gepflanzte Geist inductiver Wissenschaft wieder zur Herrschaft gelangte. Als man in der christlichen Zeit das Bedürfniß fühlte, sich mit der Philosophie des Griechenthums wieder zu umgeben, da trug Platon den Sieg über den Aristoteles davon, weil er dem Christenthum näher zu stehen, besonders weil der Weltschöpfer im Timäus mit dem mosaischen Schöpfer in gutem Einklange schien, während bei Aristoteles und allen älteren Philosophen die Lehre von der Ewigkeit der Welt einen unüberwindlichen Anstoß gewährte. Nach beinahe tausend Jahren indeß suchte man den Aristoteles hervor, allein nicht seine inductiven Schriften, sondern seine logischen, um an ihnen ein Rüstzeug zu haben für theologische Streitigkeiten. Jetzt kämpften Schriften des Aristoteles selbst gegen seinen Geist. Der Herold der neuern inductiven Wissenschaft, der große Bacon von Verulam, hielt selbst den Aristoteles noch für seinen Hauptgegner, weil er nur die Einflüsse seines Organons und seiner Metaphysik vor Augen hatte; daß aber Aristoteles in seinen reiferen Werken ihm selbst nahe verwandt sei, daß er in seinen späteren Schriften Aussprüche enthält, welche unmittelbar in das novum Organon des Bacon hätten übergehen können, dies ahnte er nicht. Wird doch auch heute noch auf unseren Schulen und Hochschulen die Logik des Aristoteles als ein Arcanum gelehrt, während man sagen darf, daß von ihrer Unzulänglichkeit sich bereits ihr Urheber überzeugt hatte, welcher praktisch den entgegengesetzten Weg betrat.

Unter den inductiven Wissenschaften der neueren Zeit nimmt die Astronomie einen der ersten Plätze ein. Schon hatte Copernicus das heliocentrische System, das er für das des Philolaus hielt, wieder hervorgesucht, wegen seiner Großartigkeit und Einfachheit überzeugt von dessen Richtigkeit, wiewohl er bekanntlich selbst die Epicykel noch nicht völlig entbehren konnte, denn mit den Alten hatte er noch die Kreisbahn. Unterdessen ging die beobachtende Astronomie auf dem von Ptolemäus vorgezeichneten Wege fort, und gerade der Gegner des Copernicus lieferte seinem großen Schüler die Mittel, das heliocentrische System für immer zu befestigen. Tycho de Brahe stand noch auf der Bahn astronomischer Wissenschaft, welche durch Aristoteles eröffnet worden; allein Kepler faßte die beiden Enden zusammen, und bewies eben durch die von der Induction herbeigeschafften Mittel die Richtigkeit jener alten Anschauungen von dem Weltbau, wenn man nur an die Stelle der Kreisbahnen die elliptischen setze, und eine ungleiche Geschwindigkeit annehme. Dies sind der neuern Zeit eigenthümliche Vorstellungen, denn die Pythagoreer und alle Griechen haben sich nie von dem metaphysischen Gedanken losmachen können, daß die Bahnen der Gestirne, als göttlicher Körper, kreisförmig und gleichmäßig sein müßten, weil der Kreis die vollkommenste Figur und nur die gleichmäßige Bewegung eine vollkommene, Göttlichem gebührende sei — eine Auffassung, welche auch in der merkwürdigen Stelle des Platon in den Gesetzen deutlich hindurch schimmert. Allein Kepler fehlte für diese Erscheinung noch die Erklärung, das physische Gesetz, er war geneigt an magnetische Polarität zu denken, die Gestirne kehrten sich abwechselnd zu partem amicam und partem inimicam — bis endlich Newton durch die Aufstellung des Gesetzes der allgemeinen Gravitation dem heliocentrischen System seinen festen Abschluß gab.

XIV.

Hat man im Alterthum niemals nach den **bewegenden Kräften** gefragt, welche die Planeten in ihren Bahnen führen?

Die ältesten Jonier, denen überhaupt der Begriff des **Naturgesetzes**, d. h. einer **erkennbaren Nothwendigkeit**, noch fremd ist, haben an Stelle dessen vielmehr das **Fatum**, die *εἱμαρμένη*, d. h. die **unerkennbare Nothwendigkeit**. Diese tritt uns sehr charakteristisch in einem Fragment des Heraclit entgegen. Helios ist gezwungen, unwandelbar seine Bahn zu verfolgen; wo nicht, werden die Erinnyen, der Dike Gefährtinnen, ihn auffinden — *εἰ δὲ μή, Ἐρινύες μιν, Δίκης ἐπίκουροι, ἐξευρήσουσι.* Plut. de Exil. p. 604.

Anaximenes suchte nach Gründen, die Wandelsterne, insbesondere den Mond gegen das Herunterfallen zu schützen, seine **Breite** trage ihn; die Sonne dachte er sich aber wahrscheinlich als außerhalb auf der Krystallglocke ihre Bahn vollendend; nach einem Grunde, nach einer bewegenden Kraft, welche sie im Kreise treibt, fragte er nicht — stand es doch in der populären Vorstellung noch nicht einmal fest, daß die Gestirne geschlossene Kreisbahnen durchmessen.

Bei Anaximander fanden wir zuerst den Versuch einer mechanischen Erklärung in seiner uns oder ihm selbst nicht recht klaren Vorstellung von den Ringen, deren Lichtöffnungen die Gestirne bilden. Diese Ringe drehen sich, aber die Frage nach der bewegenden Kraft fehlt auch hier.

Erst mit den Pythagoreern tritt uns das Dynamische entgegen. Zunächst schon für die im Mittelpunkt ruhende Erde selbst. Sie befindet sich inmitten des Himmels, warum fällt sie nicht nach einer Seite hin? Es giebt im Kosmos kein Oben und Unten, es ist kein Grund vorhanden, warum sie sich nach einer Seite hin neigen sollte, der Himmel ist überall gleich weit entfernt Oder wie Platon im Phädon sich ausgedrückt: Die Erdkugel ist im Gleichgewicht, und befindet sich inmitten eines andern solchen. Der Begriff des Gleichgewichts schließt den der Kraft schon in sich.

Aber was bewegt die Planeten? Die Bewegung liegt in ihrer Natur, eben so als sie Kreisbahnen beschreiben und selbst Kugeln sein müssen.

Erst bei der Zersetzung pythagoreischer Anschauungsweise, erst bei der Mischung italischer und ionischer Vorstellungen begegnen uns die ersten Anfänge einer Theorie der bewegenden Kräfte im Weltraum, und zwar bei Empedokles. Waren die Gestirne angeheftet, wie die Ionier zu dieser Annahme eine entschiedene Vorliebe zeigen, so mußte man entweder zwischen den Sphären, mit Anaximander, sich Ringe bewegen lassen, oder die Sphären selbst, wie dies, auf einem vorübergehenden Standpunkt, Platon zuerst gethan zu haben scheint: bewegten sich dagegen Gestirne, namentlich die Planeten, freischwebend, so blieb nur übrig das Medium, in welchem sie schweben, selbst in Bewegung zu setzen. Auf diese Weise bekommen wir die Vorstellung des Empedokles und Anaxagoras, welche dem Aether einen kreisförmigen Umschwung beilegen und die Erscheinungen der bewegten Himmelskörper auf Wirbel, δῖναι, zurückführen. Diese in neuerer Zeit, bekanntlich von Cartesius, wieder hervorgezogene Theorie hat aber große Unbequemlichkeiten, denn man kommt mit einer einfachen Bewegung nicht aus, sondern bedarf für jede eigenthümliche Bewegung einen besonderen Wirbel und nur für den gesammten Fixsternhimmel würde ein einziger ausreichen können. Allein anders sind hierin die Ansprüche der neuern Astronomie und jener alten; scheint es doch, als ob die beiden Philosophen wirklich mit einem einzigen Wirbel auszureichen geglaubt hätten, so wie denn überhaupt das philosophische Bestreben immer zunächst auf Einheit des erklärenden Princips gerichtet ist. Der vollständige Wirbel ist zu äußerst; hier ist die Bewegung am schnellsten; der Fixsternhimmel durchmißt in der kürzesten Zeit den längsten Weg; je mehr nach dem Mittelpunkt des Kosmos, d. h. bei Empedokles nach der Erde hin, um so mehr verlangsamt sich die Wirbelbewegung, um so mehr Zeit brauchen die Gestirne für ihren Kreislauf; nach einer bestimmten Zahlenproportion dürfen wir freilich nicht fragen.

Wir müssen übrigens dieser Vorstellung um so mehr Aufmerksamkeit zuwenden, als wir sie auch bei Aristoteles finden, am Schluß seiner Physik. Er unterscheidet bei Kreis und Kugel zwei Principien, ἀρχαί, das Centrum und die Peripherie. Am schnellsten müsse sich bewegen, was der bewegenden Ursache am nächsten sei, und das sei die Peripherie — man sieht, daß hier die bewegende Ursache immer noch außerhalb gedacht wird. Der Philosoph sagt zu lezt ganz deutlich, daß diese ein Unendliches und Immaterielles sei.

Diese aristotelische Ansicht sowohl als die des Empedokles bleibt aber immer noch einen Schritt entfernt von der Auffassung des Problems in unserem Sinne, denn jener verweist uns auf eine nicht physische, außerweltliche Ursache, dieser dagegen kommt aus dem Mechanismus noch nicht heraus zu einem reinen Dynamismus. Die Gestirne schwimmen im Aether, werden von seinem Strom getragen, geführt; aber was bewegt den Aether? Darauf giebt es keine Antwort.

Die Wirbeltheorie des Empedokles wurde nun aber anregend für die Pythagoreer. Simplicius zur oben angeführten Stelle des Aristoteles lehrt uns eine Ansicht kennen, welche der eben gezeigten gegenüber stand und ihnen gehörte. Sie, die ja ohnedies in ihren würdigsten Vertretern die Unendlichkeit des Himmels annehmen, hielten es nicht für angemessen, die bewegende Kraft an die Grenze der Welt zu verlegen, sondern es komme vielmehr dem Mittelpunkt zu, zugleich der Siz aller bewegenden Kraft zu sein. Dies lag in der Consequenz ihres ganzen Denkens und Wollens; sie brauchten keine mechanische Fortpflanzung einer Strombewegung; eine Wirkung in die Ferne anzunehmen, widerstrebte ihnen nicht, da sie von Hause aus dynamisch dachten; sie konnten aber schon darum der von Aristoteles als nothwendig dargestellten Annahme nicht folgen, weil sie ja eben den Stillstand des Firsternhimmels verlangten und diesen hergestellt zu haben glaubten.

Es ist gewiß sehr interessant zu erfahren, daß es im Alterthum zwei entgegengesezte Systeme gab, nach denen man sich die weltbewegende Ursache dachte. Die Annahme, welcher Aristoteles folgt, sollte zugleich den Stillstand der Erde bekräftigen und diesen mit dem Umschwung des Fixsternhimmels und den Läufen der Planeten in Ein rationelles System verweben. Platon in der Republik hat diesem System eine Huldigung dargebracht, aber nur vorübergehend, denn bald ging er über zum entgegengesetzten.

Die Lehre, welche von Empedokles ausgeht und über Anaxagoras sich bis auf Aristoteles erstreckt, hatte wenig Zukunft in sich, sie mußte erblassen im Angesicht der Erscheinung. Ganz anders aber steht es mit der pythagoreischen Lehre, welche die bewegende Kraft in den Mittelpunkt verlegt, denn von ihr darf man sagen, daß sie den Keim und Kern der Lehre von der allgemeinen Gravitation in sich schließe.

Der Grund der Bewegung für die abhängigen Glieder des Sternsystems liegt in dem Centralgestirn, eine Lehre, welche sich leicht auch von dem Centralfeuer trennen und auf denjenigen Himmelskörper übertragen ließ, der dessen Rolle übernahm. Allein zuerst handelt es sich um das Verbleiben der Gestirne in ihrer Bahn, und da ist es eben das Centralgestirn das sie hält, mit unsichtbarer Kraft, gleichsam an einem nicht wahrnehmbaren Zügel, so daß sie nicht ausweichen, nicht in die Weite des Himmels abirren und sich verlieren können. Wenn schon Pythagoras den Gedanken von den Antipoden auf der rings freischwebenden Erde fassen konnte, so wird man leicht auch den Gedanken der terrestrischen Schwere sich nach dieser Vorstellung modificirt und den für parallel gehaltenen Fall der Körper in einen nach dem Mittelpunkt convergirenden, verwandelt haben; was hier Ptolemäus mit Sicherheit ausspricht, ist eine alte Lehre, die wohl ohne Zweifel schon dem Pythagoras selbst gegeben werden kann.

Es fragt sich freilich, ob ein Denker des Alterthums diese terrestrische Schwere, eine Erscheinung, die nur in geringer Höhe innerhalb unserer Luftschicht beobachtet werden kann, auch über dieselbe hinaus bis auf kosmische Verhältnisse übertragen, und also gleich wie Newton vom Fall des Mondes und der Gestirne gesprochen haben werde. Diese Frage darf und muß bejaht werden, wenn auch nur aus sehr indirekten Zeugnissen geschlossen werden kann. Wir lesen bei Lucrez am Schluß des ersten Buches (v. 986):

Jam copia materiai
Undique ponderibus solidis confluxet ad imum —

Es würde die schwere Materie von allen Seiten her nach einem Mittelpunkt zusammen fallen, wenn es einen solchen gäbe — aber nach Lucrez giebt es eben einen solchen nicht und kann ihn nicht geben. Nur das Letztere gehört dem römischen Dichter, aber die Vorstellung von der zusammenstrebenden, gravitirenden Bewegung ist nicht die seine, sie gehört anderen an.

Hier haben wir also den einen Faktor; er allein würde allerdings ein Zusammenstürzen alles Stoffes auf Einen Punkt nach sich ziehen. Nicht die Unendlichkeit des Raumes, wie Lucrez will, sondern das bestimmte Maaß einer anderen Kraft, die in entgegengesetzter Richtung wirkt, kann das Gleichgewicht halten. Es drängt sich wiederum die Frage auf, ob die Alten eine solche gekannt, geahnt haben. Auch diese Frage darf nicht verneint werden.

Wir finden eine merkwürdige Aeußerung bei Simplicius in seinem Commentar zu des Aristoteles Schrift über den

Himmel (p. 91). Die Worte lauten: „Andere setzen als Ursache, daß die Gestirne nicht fallen, eine physische Gewalt, nämlich den Umschwung, welcher größer ist als die eigenthümliche Fallkraft, wie Empedokles sagt und Anaxagoras". Mit den Originalworten: οἱ δὲ φυσικὴν ἀνάγκην ἀντὶ αἰτίου τιθέασι διά τι μὴ φέρεται κάτω, δηλονότι τὴν περιφορὰν ὑπερισχύουσαν τῆς οἰκείας ῥοπῆς ἥττονος οὔσης, ὥσπερ Ἐμπεδοκλῆς φησι καὶ Ἀναξαγόρας. Hier haben wir ganz deutlich beide Faktoren, den Umschwung, d. i. die Tangentialkraft, und die Wucht oder Fallkraft, d. i. die Centripetalkraft. Aber freilich ist ein großer Fehler in der Stelle, welcher auf Rechnung des Simplicius kommt, daß er nämlich diese Ansicht dem Empedokles und Anaxagoras beimißt. Diese haben nichts damit zu thun, denn sie lehren den Wirbel des Aethers, und das ist ein ganz anderer, ja entgegengesetzter Standpunkt. Simplicius verwechselt hier, ihm entgehen, wie so häufig in kosmischen Dingen, die feineren Unterschiede; aber daß er verwechseln konnte, dies beweist, daß im Alterthum eine solche Ansicht vorhanden war. Sie mußte aus alter Zeit kommen, etwa aus der Zeit des Platon, denn im alexandrinischen Zeitalter würde sie ein Anachronismus sein; am wenigsten aber konnte Simplicius oder einer seiner Vorgänger so etwas erfinden. Die Stelle hat erst Werth und spricht erst, wenn wir sie von diesem Irrthum befreien.

In solchem Sinne aber erhält sie eine treffliche Unterstützung durch eine höchst schätzbare Ueberlieferung des Plutarch in seiner Schrift über das Gesicht im Monde. Hier heißt es: Der Mond werde im Kreise um die Erde herum geführt, gleich wie der Stein in einer Schleuder, und er könne nicht herabfallen, denn es hindere ihn der Umschwung im Kreise: *τὸ ῥεμβῶδες* *) *τῆς περιαγωγῆς — ὥσπερ ὅσα ταῖς σφενδόναις ἐντεθέντα τῆς καταφορᾶς κώλυσιν ἴσχει τὴν κύκλῳ περιδίνησιν.* Es versteht sich, daß hier von dem geschleuderten Körper die Rede ist, so lange er sich noch in der Schleuder befindet und in ihr geschwungen wird, alsdann aber haben wir in diesem Bilde ganz deutlich die beiden Kräfte, die Schwerkraft nämlich, welche den Stein hindert, centrifugal abzufliegen, ist ausgedrückt durch die Schleuderschnur, dagegen hindert die Schwungkraft ihn, daß er nicht fällt gegen die Erde oder gegen die schwingende Hand. Dies liegt in den angeführten Worten schon hinreichend enthalten, aber Plutarch sagt es im Folgenden selbst noch ganz ausdrücklich: *ἄγει γὰρ ἕκαστον ἡ κατὰ φύσιν κίνησις, ἂν ὑπ᾽ ἄλλου μηδενὸς ἀποστρέφεται. διὸ τὴν σελήνην οὐκ ἄγει τὸ βάρος ὑπὸ τῆς περιφορᾶς τὴν ῥοπὴν ἐκκρουόμενον, ἀλλὰ μᾶλλον ἴσως λόγῳ εἶχε θαυμάζειν, μένουσαν αὐτὴν παντάπασιν, ὥσπερ ἡ γῆ, καὶ ἄτρεπτον οὖσαν. νῦν δὲ σελήνη μὲν ἔχει μεγάλην αἰτίαν τοῦ δεῦρο μὴ φέρεσθαι.* Diese Worte bekommen erst ihre volle Bedeutung, wenn

---

*) In den Texten steht *ῥιζῶδες, ῥοιζῶδες.* Letzteres könnte geschützt werden durch Empedokles, ed. Karsten v. 203; ich nehme aber keinen Anstand, die sinnreiche Verbesserung, welche mein verewigter Freund Jacoby mir vorschlug, für die echte Lesart zu halten. Der Sinn steht zwar an sich schon durch den Zusammenhang fest, doch kommt er durch das von den Lexicographen in der Bedeutung von geschleudert und ausschweifend gebotene *ῥεμβῶδες* nur um so besser heraus, denn jetzt würde dadurch die Bewegung in der Tangente auf prägnante Weise bezeichnet sein, und wir hätten hier, was in der That interessant genug ist, einen antiken Ausdruck für Newtons Centrifugalkraft.

wir sie zusammenhalten mit dem ersten Kapitel der Mechanik des Aristoteles, denn es zeigt sich, daß Plutarch sich der dort festgestellten Terminologie bedient. Aristoteles unterscheidet zweierlei Bewegung, *φορὰ κατὰ φύσιν* und *παρὰ φύσιν*, eine dem Körper inwohnende und eine ihm von außen mitgetheilte. Letzteres ist die Bewegung durch Stoß, jenes die Trägheit, vis inertiae, zufolge welcher der Körper die ihm einmal gegebene Bewegung so lange zu behalten strebt, bis eine neue von außen kommende Ursache ihn aus dieser Bahn ablenkt. Die *φορὰ κατὰ φύσιν* ist immer gradlinig, nur durch eine neue ἔκκρουσις, dies ist sein Terminus, welcher sich auch in unserer Stelle wiederholt, ist eine Beugung möglich. Es ist nun völlig klar, daß Plutarch von einer Tangentialkraft spricht, welche den Mond fortschleudern würde, so wie jene andere Kraft, welche durch die Schleuderschnur repräsentirt wird, plötzlich aufhörte, etwa bei dem Reißen der Schnur. Er sagt: weit gefehlt, daß der Mond zur Erde fallen könnte, müßte er vielmehr ins Weite sich entfernen durch die Schwungkraft, diese hindert ihn am Fallen; „eine große Ursache" dagegen hindert ihn wieder sich zu entfernen: die Schwere.

Wer will verkennen, daß hierin die Lehre von der Gravitation deutlich ausgesprochen ist, wenn auch noch nicht der allgemeinen Gravitation. Aber was vom Monde galt, mußte doch wohl auch von den anderen Planeten gelten?

Die Schwierigkeit war nur die, daß diese anderen Planeten in ihren scheinbaren Bewegungen keine Kreise beschreiben, also von jenem Schwung der kreisförmigen Bewegung nicht gut die Rede sein konnte, außer wenn man das heliocentrische System annahm.

Es begreift sich, daß innerhalb der alexandrinischen Schule und ihres complicirten Mechanismus mit Epicykeln und Excentern der großartige Gedanke der allgemeinen Gravitation zurücktreten mußte, es begreift sich aber auch, daß er wieder hervortreten mußte in dem Moment, wo die Epicykel sich auflöste in Kreisbahn und Ellipse, so daß man sagen darf, Copernicus und Kepler theilten mit Newton die Idee der allgemeinen Gravitation, welche in keinem Fall ein völlig neuer, nie zuvor dagewesener Gedanke ist. Aber Newton fand das Gesetz, und brachte Erscheinung und Theorie in Einklang. *)

Eben so wenig ist anzunehmen, daß das Bild der Schleuder und die Zerlegung der Kräfte, welche die Gestirne lenken, dem Plutarch gehöre, sie gehört gewiß solchen Män-

---

*) Kepler sprach schon im Jahr 1609 in seinem berühmten Buch de motibus stellae Martis den Gedanken der allgemeinen Schwere deutlich aus als eine allen Körpern gemeinsame Eigenschaft; zufolge deren, ganz wie bei Plutarch, Mond und Erde, sich entgegenkommend, zusammenfallen würden, falls sie nicht durch den Umschwung daran gehindert würden — adeoque, si Luna et Terra non retinerentur quaelibet in suo circuitu Terra ascenderet ad Lunam quinquagesima quarta parte intervalli, Luna descenderet ad Terram 53 circiter partibus intervalli. Auch Ebbe und Flut erklärt er eben daher. Leider nur hielt er diesen Gedanken nicht fest, sondern ließ sich weiterhin von der damals neuen Lehre magnetischer Polarität imponiren.

Anderseits ist bekannt, daß auch Newton die Theorie schon gänzlich aufgegeben hatte, weil die Rechnung mit derselben nicht stimmte — er hatte den Halbmesser der Erde zu klein genommen. Erst als durch Picards Gradmessung sich der Halbmesser der Erde weit größer ergab, nahm er, durch einen Brief des Dr. Hood angeregt, jenen Gedanken wieder auf, den er seit zehn Jahren bereits als unhaltbar aufgegeben hatte. Ihm gehört also vielmehr die Durchführung des Beweises.

nern, bei denen originale Gedanken über die Oekonomie des Kosmos zu suchen sind. Noch weniger kann die Sache dem Empedokles und Anaxagoras beigemessen werden, denn diese haben das Problem noch nicht gefaßt. Der Wirbel ist etwas anderes, er schließt jene Factoren deutlich aus und will mit Einem Schlage die Kreisbewegung erklären, er ist noch mechanisch, nicht dynamisch, nimmt noch ein bewegtes Medium an, nicht den Körpern selbst inwohnende Kraft: οἰκεία ῥοπή.

Anderseits hat diese Theorie eine eigenthümliche Wahlverwandtschaft zum heliocentrischen System, weil dies allein die einfachen Kreisbahnen der Planeten ergiebt und also das, was für den Mond galt, sogleich als allgemeine kosmische Kraft erscheinen läßt. Hienach wäre die Ansicht zu setzen zwischen Platon und Aristarch von Samos und ihr Aufhören oder Zurücktreten müßte gesetzt werden mit Hipparch.

So wenig wir von dieser Zeit wissen, welche von den späteren Bestrebungen ganz zugedeckt worden, so wird man doch nach den geringen Spuren recht wohl sagen dürfen, was das Alterthum über die bewegenden Kräfte des Kosmos gedacht, sei mehr gewesen als eine bloße Vorahnung, und man ist in neuerer Zeit nur zurückgekehrt zu einer Auffassung, die aus wissenschaftlichen Gründen zeitweise verlassen werden mußte.

Wenn aber Lucrez durch einen schwachen Schluß aus der Gravitation die Unendlichkeit des Weltalls folgern zu müssen glaubt, so ist es in neuerer Zeit allerdings eben diese allgemeine Gravitation gewesen, welche die Grenzen unseres Planetensystems erweitert und die Grenzen der

Welt bis ins Unendliche hinausgeschoben hat, denn sie hat uns darauf geführt, daß die Sonne wiederum nur dienendes Glied eines großen Systems sein müsse. Die Gravitation erhielt so erst ihre wahre Allgemeinheit und ward erhoben zu einer wirklich kosmischen Bedeutung.

XV.

Es scheint angemessen, hier schließlich Angaben, welche bisher im Lauf unserer Betrachtung verstreut vorgekommen sind, nochmals unter einem besonderen Gesichtspunkt zusammenzustellen. Wenn nämlich je nach den verschiedenen Systemen das Weltgebäude sich erweitert, oder auch je zuweilen sich wieder ins Engere zusammenzieht, so scheint die verschiedene Dimension des Kosmos ein einfacher Ausdruck für Fortschritt oder Rückgang.

Den engsten Raum des Weltgebäudes haben wir in der homerischen Vorstellung, denn jenseit der Säulen des Hercules ist einerseits das Ende der Erde und mit ihm auch bald der Welt, denn der Strom Okeanos hat keine beträchtliche Breite und der Krystallhimmel schließt dann das Ganze ab. Wie weit nach anderen Himmelsgegenden die Welt sich erstrecke, würde zu berechnen sein, wenn wir wüßten, wo der Mittelpunkt der kreisrunden Erde liegt. Die populäre Vorstellung nimmt Delphi für den Nabel der Erde; allein es bleibt fraglich, ob wir diese unter hierarchischem Einfluß stehende Vorstellung mit geographischen und kosmischen Ansichten combiniren dürfen. Dennoch scheint für jene älteste Ansicht die Differenz nicht groß zu sein.

Die Vorstellung des Thales und seiner nächsten Nachfolger ist hievon nicht wesentlich verschieden, nur daß der Okeanos eine größere Breite und mit ihm denn auch die Himmelsglocke einen größeren Durchmesser erhält. Man hält übrigens nach perspectivischer Schätzung Sonne und Mond schon für Himmelskörper von beträchtlicher Größe, größer als unsere Erde.

Wir haben von Anaximander auch Größenbestimmungen für Sonne und Mond, diese sind aber nicht in bestimmten Zahlen, sondern in ihrem Verhältniß zur Erde angegeben; wie Schade, daß uns die Bestimmung der Größe der Erde fehlt, welche er um so mehr gegeben haben muß, als er zuerst eine Weltcharte gezeichnet hat. Jedenfalls war seine Erde kleiner als bei den Späteren, da sie nur bis an den Okeanos reichte. Für eine Ausmessung des Kosmos fehlen uns hier noch mehr die bestimmten Data.

Anaximander ist aber der erste, der über das Himmelsgewölbe jenseit hinausgeht, es freilich noch nicht wagt, sich beträchtlich von ihm zu entfernen.

Der Kosmos erweitert sich entschieden mit Pythagoras; rund um die Erde ist freier Weltraum, die Planeten umkreisen die Erde in harmonischen Abständen, wir bekommen hier zuerst ein Planetensystem; den Fixsternhimmel aber nahm er als kugelförmigen Abschluß des Ganzen.

Leider fehlt es uns an einer Angabe darüber, für wie groß Pythagoras die Erdkugel gehalten; indessen ist an sich selbst einleuchtend, daß sich ihre Größe sehr bedeutend multiplicirt haben muß, wenn derjenige Theil, der früher als Scheibe, d. h. als ebene Fläche, erscheinen konnte, nunmehr als Theil einer Kugel erkannt werden mußte.

Dagegen besitzen wir eine Meldung über die Entfernung, welche Pythagoras dem Monde, der Sonne und sogar dem Firsternhimmel gab; sie ist nicht in Verhältnissen, sondern in bestimmten Zahlen und nach einem bekannten terrestrischen Maaß ausgedrückt. Aber Plinius ist der einzige, welcher uns diese kostbare Notiz erhalten hat. Er sagt (Hist. Nat. II, 19): Pythagoras vero, vir sagacis animi, a terra ad Lunam centum viginti sex millia stadiorum esse collegit. Ab ea usque ad solem duplum. Inde ad duodecim signa triplicatum. Es fehlt uns hier nur noch Ein Element; denn hätten wir den Radius der Erde, so ließe sich daraus sehr einfach in bestimmter Zahl die Größe der Weltkugel des Pythagoras berechnen. Ihr Radius ist = Radius der Erde + 126000 Stadien + zweimal soviel + dreimal soviel. Das wären denn für die Entfernung der Firsternkugel von der Oberfläche der Erde 756,000 Stadien, oder etwa 16000 Meilen. Den Erdhalbmesser hatte Pythagoras wahrscheinlich in diesem Verhältniß sehr groß angenommen, so daß in seinem Kosmos die Erde immer noch ein sehr beträchtliches Centralgestirn wäre, das sich mindestens ebenso zu den Planeten verhält, wie unsere Sonne. Von der Annahme des Anaragoras, daß Sonne und Mond vielfach größer seien als die Erde, mußte er nach der ganzen Consequenz dieses Systems unzweifelhaft zurückkommen, während er seinem Vorgänger sich darin doch immer noch einigermaßen anschließt, daß er eine Himmelsgrenze hat und diese nicht zu weit entfernt wissen will, so daß sie noch nicht ein Drittel der Entfernung erreicht, welche in Wahrheit der Mond von der Erde hat.

Es ist das große Verdienst einer zweiten Generation

der Pythagoreer, wiederum den **Kosmos** bedeutend ausgedehnt zu haben. Es geschieht dies zunächst durch die Lehre vom Centralfeuer und den planetarischen Umlauf der Erde War die Erde auch der nächste Planet (erst später schob man noch die Gegenerde ein) und gab man ihr auch nach allem Anschein keine Bahn von großem Durchmesser, so mußte dieser doch immer bedingt werden durch die Größe der Erdkugel selbst, und dieses Maaß der Erdbahn blieb dann wieder bestimmend für die übrigen Planeten, welche weit in den Weltraum hinausrückten. Allein dieser selbst erfährt eine noch viel imposantere Erweiterung. Der Fixsternhimmel, welcher mittelst der Centralfeuerlehre als stillstehend angenommen werden durfte, konnte nun unendlich sein, denn so lange er seinen Umschwung machen mußte, konnte er es allerdings nicht, ein Punkt, welcher aller Aufmerksamkeit werth zu sein scheint. Die Lehre von der Unendlichkeit des Himmels hat also einen unmittelbaren Zusammenhang mit der Lehre vom Centralfeuer, und darf als dessen Function angesehen werden. Es begreift sich jetzt, daß Pythagoras diese Unendlichkeit des Himmels nicht hat, weil bei ihm der Himmel noch schwingen mußte.

Diese großen und wahren Gedanken gingen aber in einer Abzweigung der Schule ganz verloren, denn Philolaus hat wieder die Grenze und den Umschwung des Firsternhimmels. Es ist hier am Ort darauf aufmerksam zu machen, daß nicht alle Pythagoreer, sondern nur die Bekenner der echten Centralfeuerlehre die Unendlichkeit des Himmels proklamiren. Alle, welche die Lehre von zehn kreisenden Himmelskörpern, oder, was dasselbe ist, die Lehre von der Gegenerde haben, können nicht gleichzeitig den offenen unendlichen Himmelsraum lehren, denn sie brauchen als letztes Glied einen bestimmten, einheitvollen Körper, welcher umschwingen kann, ähnlich wie die Planeten. Dieser auffallende Rückschritt war aber um so leichter, als man nur auf die Lehre des Pythagoras zurückging und anderseits sich der ionischen Vorstellung annäherte, welche hauptsächlichen Anstoß an dieser schwindligen Unendlichkeit nahm.

Noch viel mehr gingen die eleatischen und späteren ionischen Philosophen von der schon gewonnenen großartigen Anschauung je mehr und mehr zurück. Aristoteles lehrt uns in Beziehung auf die kosmischen Systeme eine Hauptunterscheidung der Philosophen kennen, je nachdem sie den Himmel begrenzt oder unendlich annehmen (de coelo II, 13 ὅσοι πεπερασμένον τὸν οὐρανόν φασι —). Zu denen, welche ihn begrenzt annehmen, gehören erstens die alten Jonier, dann Pythagoras selbst und jetzt wieder die Eleaten. Die Planeten kreisen nicht mehr im freien Weltraum, sondern nur innerhalb der Hülle des umschließenden Himmels, die Erde hat aufgehört eine planetarische Laufbahn zu beschreiben, und so wenig es sich um bestimmte Maaße handelt, so liegt doch unmittelbar in dieser Auffassung, daß man sich die Welt wieder um vieles kleiner, enger, traulicher zu denken bestrebt war. Und dies um so mehr, als nun Empedokles und die späteren Jonier, die Atomisten mit eingeschlossen, wieder gar zur Scheibengestalt der Erde zurückkehren. Schon bei Empedokles, der doch noch ein πῦρ ἀρχέτυπον hat, ist die Erde kein Planet mehr, jenes Feuer ist überhaupt kein Centralfeuer mehr, es hat seine allgemeine kosmische Beziehung verloren, und dörrt nur noch die abgekehrte Erdseite.

So fand Platon die Dinge vor, und wahrlich bedurfte es der ganzen Macht und Unbefangenheit seines Geistes, um von Stufe zu Stufe das Verlorene wieder zu gewinnen und dann sogar darüber hinauszugehen. Er hat sich nach einander auf den verschiedensten Standpunkten befunden und keinem Zweifel ist unterworfen, daß er Anfangs zu denen gehörte, welche den begrenzten Himmel lehren. Allein es ist nicht anzunehmen, daß er auf diesem Standpunkt verharrt haben werde. Leider fehlen uns gerade über den Höhenpunkt kosmischer Anschauung bei den Griechen die bestimmten Angaben, was aber nicht befremden kann, wenn der Stoiker Kleanthes noch den Aristarch wegen seiner kosmischen Ansicht der Gottlosigkeit angeklagt wissen wollte. Man begreift, warum Platon so dunkel sprach; den Späteren aber fehlte das Interesse für diesen Punkt. So sehen wir uns denn verwiesen auf Combinationen und Folgerungen, die hier aber wahrlich nicht verschmäht werden dürfen, zumal wenn sie einfach und bündig sind.

Ist es wahr, daß Platon die Achsendrehung lehrt, und wer könnte jetzt noch daran zweifeln, so liegt es in der Sache selbst, daß er nun gleichzeitig auch die Unendlichkeit des Himmels gelehrt haben müsse. Denn diese ist möglich, sobald man den Stillstand des Fixsternhimmels wieder gewonnen und der Geist drängt zufolge einer eigenthümlichen Expansionskraft eben danach hin. Derselbe Zusammenhang, der sich zwischen der Unbegrenztheit des Himmels und der Centralfeuerlehre zeigte, gilt nur in noch höherem Maaß von der Achsendrehung selbst, denn jene, wie wir wissen, ist ja nur das Surrogat dieser. Die Unendlichkeit des Fixsternhimmels wird nun auch verlangt durch das heliocentrische System, und Platon konnte diesen Gedanken nicht fassen, ohne sich noch mehr zu befestigen in der Vorstellung von der Unermeßlichkeit des Weltalls. Der Begriff der Unendlichkeit läßt, logisch betrachtet, freilich keine Steigerung zu, allein er ist im Grunde eine bloße Negation und diese kann durch eine Reihe vermittelnder Thatsachen allerdings bis zu einem positiven Werth erhoben werden. Schon der planetarische Umlauf der Erde um die Sonne durfte und mußte ein anderer sein, als der um das Centralfeuer, namentlich wenn man mit Berücksichtigung des sogenannten ägyptischen Systems, das um diese Zeit in Athen nicht unbekannt sein konnte, Mercur und Venus als nähere Planeten vor die Erde gesetzt haben sollte. Ein Hauptpunkt ist aber der, daß das Nichtvorhandensein einer Parallaxe der Fixsterne zeigen mußte, wie verschwindend die Einheit des Durchmessers der Erdbahn im Kosmos sei. Dies, was einen Augenblick lang als Gegengrund gegen die Wahrheit des heliocentrischen Systems erscheinen konnte, mußte sich sehr bald als sprechenden Beweis für die Unendlichkeit des Kosmos darbieten. Daß man im Alterthum solche Betrachtungen angestellt, steht fest durch das, was wir von Aristarch von Samos wissen, welcher eben diesen Punkt ausführlicher geltend macht; aber es wäre Unrecht, wenn wir nicht dem eigentlichen Urheber schon diesen Gedanken zueignen wollten.

Der betrügerische Heraclides soll uns hier noch einmal Zeugniß ablegen für die Größe dessen, den er verkleinern will. Stobäus meldet (Eclog. p. 440), Heraclides von Pontus und Seleucus von Erythrä hätten den Kosmos als unendlich angenommen; also Seleucus eben wie Aristarch, und Heraclides — eben wie Platon — denn dessen kosmisches System ist es ja eben, was er sich anzueignen sucht, und jedenfalls interessirte er sich vorzugsweise für diejenigen pythagoreischen Vorstellungen, welche nach Platon noch Achtung und Geltung besaßen. Man erinnere sich, daß Philolaus die Unendlichkeit des Himmels nicht hat, und nach seiner Lehre nicht haben kann. Wir haben ferner bei Stobäus (Eclog. p. 514) und in dem falschen Plutarch (Placit. philos. II, 13) die Nachricht, Heraclides und die Pythagoreer hätten jeden Planeten für eine besondere Welt genommen, enthaltend einen festen Kern und umgeben mit einer Atmosphäre. Nach dem nun, wie wir den Heraclides kennen, dürfte es schwer sein, diese Vorstellung ihm und den älteren Pythagoreern beizumessen, dagegen den Platon davon auszuschließen. Was die Vorstellung selbst anlangt, so ist sie zugleich eine extensive und intensive Erweiterung des Kosmos; im Vergleich zur ältesten ionischen Auffassung erscheint derselbe um das achtfache multiplicirt, den Centralkörper ungerechnet.

Wenn sodann in jener schon angeführten Meldung aus den Placitis von Aristarch gesagt wird, er habe die Sonne für einen der Fixsterne erklärt, so dürfte es schwer sein, diese Auffassung ihm ausschließlich zu überlassen und sie dem zu entziehen, welchet zuerst den Gedanken des heliocentrischen Systems faßte. Hiedurch natürlich erhält die Vorstellung von der Unendlichkeit des Himmels und der gleichmäßig durch denselben verstreuten „Saat der Sterne" noch eine eigenthümliche Bereicherung, so wie anderseits bei ihrer für uns unermeßlichen Entfernung auch die Fixsterne in verschiedenen Weiten sich befinden können, ohne daß eine Aenderung in ihrer Stellung zu einander für verschiedene

Punkte der Erdbahn verlangt wird. Von hier aus war nur noch Ein Schritt, nun auch anderen Fixsternen Planetensysteme zu geben.

Es bleibt nur noch eins übrig; die Verbindung dieser Vorstellung von der Unendlichkeit des Himmels mit einer großartigeren Auffassung von dem Wesen der Milchstraße. Dem Alterthum hat der Gedanke nicht gefehlt, daß jener Lichtschimmer, den unser Fernrohr aufzulösen im Stande ist, erwachsen möge aus dem Zusammenfluß des Lichtes einzelner Sterne. Es wird, sonderbar genug, dieser Gedanke dem Democrit gegeben, bei dem er freilich am wenigsten bedeuten will, da dieser die Begrenztheit des Himmels lehrt. Allein es wäre nicht das erste Mal, daß uns eine Lehre mit einem Namen erhalten worden, dem sie weder ursprünglich noch charakteristisch gehört. Ist aber dieser Gedanke gleichzeitig vorhanden, wie soll er nicht durch eine Wahlverwandtschaft sich mit dem Gedanken von der Unendlichkeit des Himmels verbinden und durchdringen, um auf wenige große Geister des Alterthums den feierlichen Eindruck von der Unermeßlichkeit des Weltganzen zu werfen. Wer möchte es wagen hier eine Grenze zu ziehen für das, was dem Gedanken unerreicht blieb; hat man doch den Alten so viel Phantasie beigelegt im Widerspruch mit der Erscheinung.

Was nun die specielleren kosmischen Maaße anlangt, so ist gerade innerhalb des heliocentrischen Systems am meisten dafür geschehen. Dem Aristarch von Samos bleibt das eigenthümliche Verdienst, der erste gewesen zu sein, welcher ein Mittel fand, den Abstand der Sonne und des Mondes von der Erde zu berechnen, wirklich zu berechnen, während von Anaximander, obwohl er bestimmte Zahlen gab, dies wohl nur uneigentlich gesagt werden kann.

Wir besitzen noch heute die Schrift περὶ ἀποστημάτων ἡλίου καὶ σελήνης, in welcher Aristarch uns selbst sein Verfahren auseinander setzt.

Dies neue höchst sinnreiche Verfahren beruht darauf, daß die Parallaxe, also auch Entfernung des Mondes schon durch unmittelbare Beobachtung auf der Erde gefunden werden kann, Aristarch nun aber auch einen Weg fand, von hier aus die Sonnenparallaxe zu bestimmen. In dem Augenblick nämlich, wo der Mond zur Hälfte beleuchtet ist, muß in dem Dreieck zwischen Erde, Mond, Sonne, der Winkel am Monde ein rechter sein; da nun die Entfernung des Mondes bekannt ist, so braucht man nur noch den Winkel zwischen Mond, Erde, Sonne zu messen, um danach das ganze Dreieck und mithin die Entfernung der Sonne bestimmen zu können. So einfach und elementar dies Verfahren auch in der Theorie ist, so erweist es sich praktisch doch als ein sehr unvollkommenes, weil nämlich die Halbirung des Mondes sich nur sehr ungenau bestimmen läßt. Da ferner das Dreieck einen sehr spitzen Winkel hat und dieser gerade an der Sonne liegt, so wird der Fehler dadurch vielfach multiplicirt. Die Folge war, daß Aristarch die Entfernung der Sonne viel zu klein berechnete, er gab ihr (propos. VII,) nur die achtzehn- bis zwanzigfache Entfernung des Mondes, während wir wissen, daß die Entfernung der Sonne mehr als das vierhundertfache von der des Mondes beträgt.

Diese Maaße nun hatten eine unvermeidliche Rückwirkung auf alle übrigen kosmischen Dimensionen, zunächst auf die Größe des Sonnenkörpers, der in demselben Maaß viel zu klein wurde. Und doch haben wir hier offenbar die größte Ausdehnung der im Menschengeist sich abspiegelnden Welt, bis endlich die neuere Wissenschaft sich des Problems bemächtigt und zuletzt in unseren Tagen abermals eine ganz andere Unendlichkeit an die Stelle der im Alterthum angeschauten gesetzt werden konnte, indem wiederum der Mittelpunkt unseres Systems zum abhängigen Gliede eines Centralkörpers höherer Ordnung geworden ist.

Aristoteles freilich ging zurück, er hat die Erde ruhend, den Himmel begrenzt, die Welt verengt, die Milchstraße sogar als terrestrisches Phänomen Allein Ptolemäus ist ihm darin gefolgt, und er spricht sogar wieder von angehefteten Sternen. Er thut es im Sinne der Wissenschaft und auch der Geist, in welchem Aristoteles zweifelte, hat sich im Ganzen als der Geist der Wissenschaft erwiesen, so daß der Schatten schwindet, der von hier aus vielleicht auf ihn fallen könnte.

Endlich ist noch anzuführen, daß man im Alterthum doch auch schon von den Kometen eine Auffassung gehabt hat, welche der unsrigen nahe kommt, so daß sie einerseits planetarische Natur haben, anderseits unser Planetensystem erweitern und den Uebergang von demselben zum unendlichen Weltraum bilden. Sehr merkwürdig ist in dieser Art, was uns Seneca (Quaest. naturales VII, 17) von Apollonius aus Myndos meldet, der (nach cap. 3) bei den Chaldäern studirt zu haben versichert. Sein Urtheil über das Wesen eines Kometen lautet: Multos Cometas erraticos esse — und: Ceterum non est illi palam cursus; altiora

mundi secat, et tunc demum apparet, cum in imum cursus sui venit.

Wir schließen diese Betrachtung mit der von **Eratosthenes** angestellten **Gradmessung**, nach welcher sich, auf wissenschaftliche Weise zum ersten Mal die Größe der Erdkugel bestimmen ließ. Eratosthenes bestimmte den Umfang der Erde unter dem Aequator auf 252,000 Stadien, eine Angabe, in welcher ihm, nach Strabo (II, p. 194) auch Hipparch folgte, während nach Plinius, (II, c. 108) dieser ihn noch um 25,000 Stadien größer genommen haben soll. Wenn nun diese Angaben sich der heute geltenden schon annähern *), so war von hier aus eine wahre Ausmessung der Welt erst möglich. Das Resultat, zu dem man gelangte, war kein anderes, als daß unsere Erde **ein Punkt im Universum** sei. **Plinius** (II, 68) sagt: Hae tot portiones terrae, immo vero, ut plures tradidere, **mundi punctus**, neque enim est aliud in **universo**.

Welch ein Abstand von hier bis zur Vorstellung des Thales, welche alle Gestirne zu dienenden Gliedern der Erde machte und unter ihrer Glocke die Welt so traulich abschloß! Diesen großen Weg hat der griechische Geist zurückgelegt. Die Hauptwendepunkte wären aber bezeichnet durch Pythagoras und Platon. Von jenem sang Empedokles:

*) Des Eratosthenes Messung fiel zu groß aus, was sehr natürlich ist, weil die Endpunkte, Alexandria und Syene, nicht genau unter Einem Meridian lagen, und bei dem Ausschreiten die gerade Linie nicht strenge beobachtet werden konnte. Posidonius erkannte den Fehler, verfiel aber bei seiner Gradbestimmung in den entgegengesetzten.

Richtete Der sich empor, die ganze Kraft zu gebrauchen,
Leichtlich durchschauet' er Jegliches dann von Allem
was da ist,
Ragend auf Menschenalter hinaus, auf zehn und
auf zwanzig!

Von Platon aber könnte man sagen, daß er die Reihenfolge der kosmischen Systeme durchlaufen und dann weit darüber hinausgedrungen sei, sein Zeitalter überragend um zwei Jahrtausende.

Nachtrag.

Man vergleiche für die Ansicht des Anaximander noch was Seneca als Meinung des Artemidor bestreitet (Quaest. natur. VII, cap. 13), ohne zu wissen, daß er es hier mit einer alten Lehre zu thun hat. Daselbst heißt es, der Himmel sei aus fester und undurchsichtiger Masse, wie aus Ziegelsteinen, und habe Fenster, durch welche die jenseits befindliche Feuersphäre hindurch scheine. Da Artemidor Geograph ist, so konnte um so eher die Ansicht des ältesten griechischen Geographen ihm zugänglich sein.

Druckfehler.

S. 31 Z. 2 v. oben lies ein Fluß statt „im Fluß".
S. 35 Z. 9 v. oben lies Okeanos statt „Ocean".
S. 38 Anmerk. 1 ist Anaximander statt „Anaxagoras" zu lesen.
S. 208 Z. 9 v. unten lies Anaximander statt „Anaxagoras".

Gedruckt bei C. Feister in Berlin.